普通高等教育"互联网+""十三五"规划教材

大学计算机基础

（高级应用版）

詹国华　主编

U0316661

中国铁道出版社有限公司
CHINA RAILWAY PUBLISHING HOUSE CO., LTD.

内 容 简 介

本书作为高等院校"互联网+教材"教学改革的最新研究成果，将教材与在线云课程深度融合，集课堂教学、在线微课、作业、实验、操作演示、交流互动、考试评价、分析评估等功能于一体，教学效果事半功倍，教学内容符合教学大纲及全国计算机等级考试（二级）大纲的要求，线上环境采用阿里云平台（http://zjcai.com）或本地云平台（如：http://dodo.hznu.edu.cn），客户端采用 Windows 7 和 Office 2010 为基础环境。

本套教材共两册，包括主教材和实验教材。本书为主教材，共 7 章，主要内容包括计算机基础知识，微机资源管理，办公软件高级应用（文字处理、数据处理和演示文稿设计），网络与信息安全，计算机新技术（云计算、物联网、大数据、人工智能和虚拟现实）等。

本书适合作为大学本科和高职院校新一代大学生计算机基础课程的教材，也可作为计算机爱好者的自学读本。

图书在版编目（CIP）数据

大学计算机基础：高级应用版/詹国华主编.—北京：中国铁道出版社有限公司，2019.8
普通高等教育"互联网+""十三五"规划教材
ISBN 978-7-113-25991-4

Ⅰ.①大… Ⅱ.①詹… Ⅲ.①电子计算机-高等学校-教材 Ⅳ.①TP3

中国版本图书馆 CIP 数据核字(2019)第 169677 号

书　　名：大学计算机基础（高级应用版）
作　　者：詹国华

策　　划：刘丽丽		编辑部电话：010-63589185 转 2003
责任编辑：刘丽丽　贾淑媛		
封面设计：崔丽芳		
责任校对：张玉华		
责任印制：郭向伟		

出版发行：中国铁道出版社有限公司（100054，北京市西城区右安门西街 8 号）
网　　址：http://www.tdpress.com/51eds/
印　　刷：北京柏力行彩印有限公司
版　　次：2019 年 8 月第 1 版　2019 年 8 月第 1 次印刷
开　　本：787 mm×1 092 mm 1/16　印张：12　字数：290 千
书　　号：ISBN 978-7-113-25991-4
定　　价：40.00 元

前言

PREFACE

"大学计算机基础"是新时代大学生进入高等院校学习的第一门计算机课程，对当今信息时代各专业人才培养具有十分重要的意义。鉴于我国中学"信息技术"课程水平的快速提升，以及信息技术本身的飞速发展，传统的以计算机基础知识和基本操作技能为主的教学内容已无法适应新时代新教育的迫切需求。近年来，"大学计算机基础"课程改革受到了广泛的关注，较成功的模式有两种：一种是计算思维型，另一种为应用驱动型。前者侧重计算理论和方法，而忽视应用技能；后者结合实际案例，强化应用技能，但缺乏系统理论。

本书在教学内容组织上，以"高级应用"和"计算思维"相融合的模式展开，系统阐述了计算机基础理论和方法，重点安排了系列中高级应用案例，力图将计算理论与应用实践深度融合，使学生理论水平和实践技能"双提升"。基础理论主要介绍了计算机系统、工作原理、数制与编码、数据类型及运算、函数及功能、多媒体技术、数据库技术、计算机网络、信息安全，以及云计算、物联网、大数据、人工智能和虚拟现实等新一代信息技术。应用案例包含操作系统和办公自动化软件的功能架构、计算机资源管理、文字处理、数据处理、演示文稿设计等一批实验案例。教学内容符合教学大纲及全国计算机等级考试（二级）大纲的要求。

本书在教学手段和教学方法的组织上，以"互联网+教材"模式展开，与共建共享云课程深度融合，集课堂教学、在线微课、作业、实验、操作演示、交流互动、考试评价、分析评估等功能于一体，符合国家教育信息化 2.0 的要求，构建了一个人人皆学、处处能学、时时可学的优良的教学环境，教学效果事半功倍。线上环境采用阿里云平台（http://zjcai.com）或本地云平台（如：http://dodo.hznu.edu.cn），客户端采用 Windows 7 和 Office 2010 为基础环境。

本书安排了计算机基础知识、办公软件高级应用、网络与信息安全、计算机新技术等内容，共 7 章。第 1 章计算机基础知识，第 2 章微机资源管理，第 3 ~ 5 章办公软件及高级应用（文字处理、数据处理和演示文稿设计），第 6 章网络与信息安全，第 7 章计算机新技术（云计算、物联网、大数据、人工智能和虚拟现实）。本书配有《大学计算机基础实验》（高级应用版）（詹国华主编，中国铁道出版社有限公司出版）。

本书是杭州师范大学计算机教育与应用研究所和中国铁道出版社有限公司合作开展高等院校"互联网+教材"研究的最新成果，由杭州师范大学计算机教育与应用研究所组织编写，詹国华任主编，教材参编、资源建设、平台开发人员有詹国华、薛亚玲、徐永刚、虞歌、张量、李志华、李晨斌、陈荣荣、冯银强、徐曦等。另外，汪明霓、潘红、王培科、晏明、宋哨兵、张佳等对本书的编写给予了支持，同时，本书还得到了全国一大批使用云平台的老师的大力支持，在此一并表示衷心的感谢！

由于书稿撰写时间较短，编者水平有限，书中若存在疏漏和不足之处，敬请读者批评指正。编者的电子邮件地址是：ghzhan@hznu.edu.cn。

编 者

2019 年 7 月

目录

第 *1* 章 | 计算机基础知识

21世纪是一个崭新的信息化时代。在信息社会中，信息是一种与材料、能源一样重要的资源，以开发和利用信息资源为目的的信息技术的发展彻底改变了人们工作、学习和生活的方式。在这一改变中，计算机起了举足轻重的作用，无论是从信息的获取和存储，还是从信息的加工、传输和发布来看，计算机是名副其实的信息处理机，是信息社会的重要支柱。为了更有效地传送和处理信息，计算机网络应运而生。随着因特网的发展和普及，促使人们将简单的通信形式发展成网络形式。

本章主要介绍计算机系统、数制与编码、多媒体技术和数据库技术。

1.1 计算机系统

随着计算机功能的不断增强、应用范围不断扩展，计算机系统越来越复杂，但其基本组成和工作原理还是大致相同的。一个完整的计算机系统由硬件系统和软件系统组成。本节介绍与计算机系统相关的基础知识。

1.1.1 硬件系统

计算机硬件是计算机系统中所有物理装置的总称。目前，计算机硬件系统由5个基本部分组成，即控制器、运算器、存储器、输入设备和输出设备。控制器和运算器构成了计算机硬件系统的核心——中央处理器（central processing unit，CPU）。存储器可分为内部存储器和外部存储器，简称为内存和外存。

图1.1给出了一般计算机的硬件结构框图。

1. 控制器

控制器（control unit，CU）是计算机的神经中枢，它负责统一控制计算机。计算机硬件系统的各个组成部分能够有条不紊地工作，都是在控制器的控制下完成的。

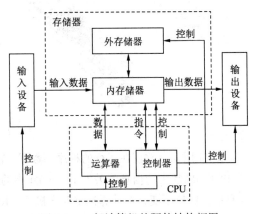

图 1.1　一般计算机的硬件结构框图

其工作过程：

（1）取指令。计算机在控制器的程序计数器（program counter，PC）中存放当前指令的地址。要执行一条指令，首先就是把该地址送到存储器的地址驱动器（address driver，AD），按地址取出指令，送到指令寄存器（instruction register，IR）中。同时，PC自动加1，准备取下一条指令。

（2）分析指令。一条指令由两部分组成：一部分是操作码（operation code，OP），指出该指令要进行什么操作；另一部分是数据地址码，用于指出要对存放在哪个地址中的数据进行操作。在分析指令阶段，要将数据地址码送到存储器中，取出需要的操作数到运算器。同时，把操作码送到指令译码部件，翻译成要对哪些部件进行哪些操作的信号，再通过操作控制逻辑，将指定的信号（和时序信号）送到指定的部件。

（3）发送操作控制信号。将有关操作控制信号，按照时序安排发送到相关部件，使有关部件在规定的节拍中完成规定的操作。

2. 运算器

运算器在控制器的指挥下，对数据进行处理，包括对二进制数码进行算术运算和逻辑运算。运算器内部有算术逻辑运算部件（arithmetical logical unit，ALU）以及存放运算数据和运算结果的寄存器。

字长是运算器的性能指标，它是指同时能处理二进制数码的位数。它决定了寄存器、运算器和数据总线的位数，因而直接影响硬件的价格。目前微处理器大多支持32位或者64位的字长，意思是可并行处理32位或者64位的二进制算术运算和逻辑运算。

3. 存储器

存储器的主要功能是存放程序和数据。存储器中有许多存储单元，所有的存储单元都按顺序编号，这些编号称为地址。存储器中所有存储单元的总和称为这个存储器的存储容量。存储容量的单位是千字节（KB）、兆字节（MB）、吉字节（GB）和太字节（TB）。

内存又称主存储器（简称主存），由大规模或超大规模集成电路芯片构成。内存分为随机存取存储器（random access memory，RAM）和只读存储器（read-only memory，ROM）两种，如图1.2所示。

图 1.2　RAM 和 ROM

RAM用来存放正在运行的程序和数据，它允许以任意顺序访问其存储单元，一旦关闭计算机（断电），RAM中的信息就丢失了。ROM中的信息一般只能读出而不能写入，断电后，ROM中的原有信息保持不变，在计算机重新开机后，ROM中的信息仍可被读出，因此，ROM常用来存放一些计算机硬件工作所需要的固定的程序或信息。

外存又称辅助存储器，用来存放大量的需要长期保存的程序和数据，当计算机要运行存储在外存中的某个程序时，必须将它从外存读到内存中才能运行。外存按存储材料可以分为磁存储器、光存储器和闪存（flash memory）存储器。

（1）磁存储器中较常用的有硬盘，其工作原理是将信息记录在涂有磁性材料的金属或塑料圆盘上，靠磁头存取信息。硬盘由电路板、硬盘驱动器和硬盘片组成，硬盘驱动器和硬盘片被密封在一个金属壳中，并固定在电路板上，如图 1.3 所示。

图 1.3　硬盘及其内部结构

（2）光存储器由光盘驱动器和光盘片组成，光存储器的存取速度要慢于磁存储器。

CD（compact disc）意思是高密度盘，即光盘。光存储器通过光学方式读取光盘上的信息或将信息写入光盘，它利用了激光可聚集成能量高度集中的极细光束这一特点，来实现高密度信息的存储。CD 光盘的容量一般为 650 MB 左右。光盘可分为一次写入型光盘和可擦写型光盘。一次写入型光盘（CD-R）可以分一次或几次写入信息，已写入的信息不能擦除或修改，只能读取。可擦写型光盘（CD-RW）既可以写入信息，也可以擦除或修改信息。

DVD（digital versatile disc）意思是数字通用光盘。DVD 和 CD 同属于光存储器，它们的大小尺寸相同，但它们的结构是完全不同的。DVD 提高了信息存储密度，扩大了存储空间。DVD 光盘的容量一般为 4.7 GB 左右。

CD 和 DVD 通过光盘驱动器读取或写入数据。光盘驱动器如图 1.4 所示。

（3）闪存存储器包括固态硬盘（solid state disk，SSD）、闪存盘（又称优盘、U 盘等）。

4．输入设备

输入设备用于向计算机输入信息。常用的输入设备包括键盘、鼠标、笔输入设备、扫描仪、数码照相机等。

1）键盘

键盘（keyboard）是计算机最常用也是最主要的输入设备。键盘有机械式和电容式、有线和无线之分。常用键盘如图 1.5 所示。

图 1.4　光盘驱动器　　　　　　　　　图 1.5　键盘

2）鼠标

鼠标（mouse）是一种指点设备，它将频繁的击键动作转换成简单的移动、点击。鼠标有机械式和光电式、有线和无线之分；根据按键数目，又可分为单键、两键、三键以及滚轮鼠标。鼠标彻底改变了人们使用计算机的方式，从而成为计算机必备的输入设备。常用鼠标如图1.6所示。

3）笔输入设备

笔输入设备作为一种新颖的输入设备近年来得到了很大的发展，它兼有鼠标、键盘和书写笔的功能。笔输入设备一般由两部分组成：一部分是与主机相连的基板，另一部分是在基板上写字的笔，用户通过笔与基板的交互，完成写字、绘图、操控鼠标等操作。笔输入设备如图1.7所示。

图1.6　鼠标　　　　　　　　　　　　图1.7　笔输入设备

4）扫描仪

扫描仪（scanner）是常用的图像输入设备，如图1.8所示，它可以把图片和文字材料快速地输入计算机。扫描仪通过光源照射到被扫描材料上来获得材料的图像，被扫描材料将光线反射到扫描仪的光电器件上，根据反射的光线强弱不同，光电器件将光线转换成数字信号，并存入计算机的文件中，然后就可以用相关的软件进行显示和处理。

5）数码照相机

数码照相机（digital camera，DC）是集光学、机械、电子于一体的产品，如图1.9所示。与传统照相机相比，数码照相机的"胶卷"是光电器件，当光电器件表面受到光线照射时，能把光线转换成数字信号，所有光电器件产生的信号加在一起，就构成了一幅完整的画面，数字信号经过压缩后存放在数码照相机内部的"闪存"存储器中。数码照相机可以即时看到拍摄的效果，可以把拍摄的照片传输给计算机，并借助计算机软件进行显示和处理。

图1.8　扫描仪　　　　　　　　　　　图1.9　数码照相机

5．输出设备

输出设备用来输出计算机的处理结果。常用的输出设备包括显示器、打印机、绘图仪等。

1）显示器

显示器是计算机最常用也是最主要的输出设备。计算机的显示系统包括显示器和显卡，它们是独立的产品。目前，计算机使用的显示器主要有两类：CRT 显示器（见图 1.10）和液晶显示器（见图 1.11）。

CRT（cathode ray tube，阴极射线管）显示器工作时，电子枪发出电子束轰击屏幕上的某一点，使该点发光，每个点由红、绿、蓝三基色组成，通过对三基色强度的控制就能合成各种不同的颜色。电子束从左到右，从上到下，逐点轰击，就可以在屏幕上形成图像。

液晶显示器（liquid crystal display，LCD）的工作原理是利用液晶材料的物理特性，当通电时，液晶中分子排列有秩序，使光线容易通过；不通电时，液晶中分子排列混乱，阻止光线通过。这样让液晶中分子如闸门般地阻隔或让光线穿透，就能在屏幕上显示出图像来。液晶显示器有几个非常显著的特点：超薄、完全平面、没有电磁辐射、能耗低、符合环保概念。

图 1.10　CRT 显示器　　　　　　　图 1.11　液晶显示器

计算机通过显卡与显示器打交道。显卡使用的图形处理芯片基本决定了该显卡的性能和档次，目前主要的图形处理芯片设计和生产厂商有 NVIDIA 和 ATI。

2）打印机

目前可以将打印机分为三类：针式打印机、喷墨打印机和激光打印机。针式打印机利用打印头内的钢针撞击打印色带，在打印纸上产生打印效果。喷墨打印机的打印头由几百个细小的喷墨口组成，当打印头横向移动时，喷墨口可以按一定的方式喷射出墨水，打印到打印纸上。激光打印机是激光技术和电子照相技术相结合的产物，它类似复印机，使用墨粉，光源是激光。激光打印机具有很高的打印质量和很快的打印速度。激光打印机如图 1.12 所示。

喷墨打印机和激光打印机属于非击打式打印机。

3）绘图仪

绘图仪在绘图软件的支持下可以绘制出复杂、精确的图形。常用的绘图仪有平板型和滚筒型两种类型。平板型绘图仪的绘图纸平铺在绘图板上，通过绘图笔架的运动绘制图形；滚筒型绘图仪依靠绘图笔架的左右移动和滚筒带动绘图纸前后滚动绘制图形。绘图仪是计算机辅助设计不可缺少的工具。滚筒型绘图仪如图 1.13 所示。

图 1.12　激光打印机　　　　　　　图 1.13　滚筒型绘图仪

其他输入设备和输出设备有网卡、数码摄像头、声卡和音箱等。网卡的作用是让计算机能够"上网"。数码摄像头通过计算机网络实现了远程的面对面交流，如视频会议、视频聊天、网络可视电话等。通过声卡，计算机可以输入、处理和输出声音。声卡主要分为 8 位和 16 位两大类，多数 8 位声卡只有一个声音通道（单声道）；16 位声卡采用了双声道技术，具有立体声效果。音箱接到声卡上的 Line Out 插口，音箱将声卡传播过来的电信号转换成机械信号的振动，再形成人耳可听到的声波。音箱内有磁铁，磁性很高。

6. 计算机总线结构

通常把控制器、运算器和内存称为计算机的主机。输入设备和输出设备以及外存称为计算机的外围设备。

在计算机中，各个基本组成部分之间是用总线（bus）相连接的。总线是计算机内部传输各种信息的通道。总线中传输的信息有三种类型：地址信息、数据信息和控制信息。图 1.14 是计算机的总线结构框图。

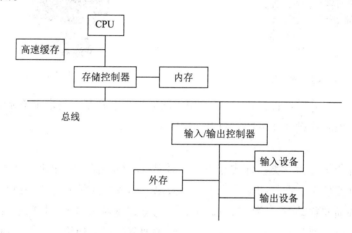

图 1.14　计算机的总线结构框图

1.1.2　软件系统

计算机软件是计算机系统重要的组成部分，如果把计算机硬件看作计算机系统的"躯体"，那么计算机软件就是计算机系统的"灵魂"。没有任何软件支持的计算机称为"裸机"，只是一些物理设备的堆积，几乎是不能工作的。只有配备了一定的软件，计算机才能发挥其作用。

实际呈现在用户面前的计算机系统是经过若干层软件改造的计算机，而其功能的强弱也与所配备的软件的丰富程度有关。

1. 计算机软件的概念

计算机软件是计算机系统中与硬件相互依存的另一部分，它是包括程序、数据及其相关文档的完整集合。

程序是完成既定任务的一组指令序列。在程序正常运行过程中，需要输入一些必要的数据。文档是与程序开发、维护和使用有关的图文材料。程序和数据必须装入计算机内部才能工作，文档一般是给人看的，不一定装入计算机。

2．计算机软件的分类

计算机软件一般可以分为系统软件和应用软件两大类。

（1）系统软件居于计算机系统中最靠近硬件的一层，其他软件都通过系统软件发挥作用。系统软件与具体的应用领域无关。

系统软件通常是负责管理、控制和维护计算机的各种软硬件资源，并为用户提供一个友好的操作界面，以及服务于应用软件的资源环境。

系统软件主要包括操作系统、程序设计语言及其开发环境、数据库管理系统等。

（2）应用软件是指为解决某一领域的具体问题而开发的软件产品。随着计算机应用领域的不断拓展和广泛普及，应用软件的作用越来越大。

微软公司的 Office 是目前应用最广泛的办公自动化软件，主要包括字处理软件 Word、电子表格处理软件 Excel、演示文稿制作软件 PowerPoint、数据库管理软件 Access 等。

Adobe 公司的 Photoshop 是图形图像处理领域最著名的软件。Photoshop 提供的强大功能足以让创作者充分表达设计创意，进行艺术创作。

Adobe 公司的 Flash 是动画创作软件，主要应用于网页和多媒体制作。

3．程序设计语言

人们使用计算机，可以通过某种程序设计语言与计算机"交谈"，用某种程序设计语言描述所要完成的工作。

程序设计语言包括机器语言、汇编语言和高级语言。

1）机器语言

机器语言是计算机诞生和发展初期使用的语言，采用二进制编码形式，是计算机唯一可以直接识别、直接运行的语言。机器语言的执行效率高，但不易记忆和理解，编写的程序难以修改和维护，所以现在很少直接用机器语言编写程序。

2）汇编语言

为了减轻编写程序的负担，20 世纪 50 年代初发明了汇编语言。汇编语言和机器语言基本上是一一对应的，但在表示方法上作了根本性的改进，引入了助记符，例如，用 ADD 表示加法，用 MOV 表示传送等。汇编语言比机器语言更加直观，容易记忆，提高了编写程序的效率。计算机不能够直接识别和运行用汇编语言编写的程序，必须通过一个翻译程序将汇编语言转换为机器语言后方可执行。

汇编语言和机器语言一般被称为低级语言。

3）高级语言

高级语言诞生于 20 世纪 50 年代中期。高级语言与人们日常熟悉的自然语言和数学语言更接近，便于学习、使用、阅读和理解。高级语言的发明，大大提高了编写程序的效率，促进了计算机的广泛应用和普及。计算机不能够直接识别和运行用高级语言编写的程序，必须通过一个翻译程序将高级语言转换为机器语言后方可执行。常用的高级语言有 C、C++、Java 和 BASIC 等。

程序设计语言的发展过程是其功能不断完善、描述问题的方法越来越贴近人类思维方式的过程。

4．语言处理程序

计算机只能执行机器语言程序，用汇编语言或高级语言编写的程序都不能直接在计算机上执行。因此计算机必须配备一种工具，它的任务是把用汇编语言或高级语言编写的程序翻译成计算机可直接执行的机器语言程序，这种工具就是"语言处理程序"。语言处理程序包括汇编程序、解释程序和编译程序。

（1）汇编程序。汇编程序把汇编语言编写的程序翻译成计算机可直接执行的机器语言程序。

（2）解释程序。解释程序对高级语言编写的程序逐条进行翻译并执行，最后得出结果。也就是说，解释程序对高级语言编写的程序是一边翻译、一边执行的。

（3）编译程序。编译程序把高级语言编写的程序翻译成计算机可直接执行的机器语言程序。

1.1.3　计算机的工作原理

计算机在运行时，先从内存中取出第一条指令，通过控制器的译码，按指令的要求，从存储器中取出数据进行指定的运算和逻辑操作等加工，然后再按地址把结果送到内存中去。接下来，再取出第二条指令，在控制器的指挥下完成规定操作。依次进行下去，直至遇到停止指令。程序与数据一样存储，按程序编排的顺序，一步一步地取出指令，自动地完成指令规定的操作是计算机最基本的工作原理，这一原理最初是由美籍匈牙利数学家冯·诺依曼于1945年提出来的，故称为冯·诺依曼原理，冯·诺依曼体系结构计算机的工作原理可以概括为：存储程序+程序控制。

1．冯·诺依曼的设计思想

世界上第一台电子数字计算机ENIAC诞生后，美籍匈牙利数学家冯·诺依曼提出了新的设计思想，主要有两点：其一是计算机应该以二进制为运算基础；其二是计算机应该采用"存储程序+程序控制"方式工作。并且进一步明确指出整个计算机的结构应该由5部分组成：运算器、控制器、存储器、输入设备和输出设备。冯·诺依曼的这一设计思想对后来计算机的发展起到了决定性的作用。

20世纪40年代末期诞生的EDVAC（electronic discrete variable automatic computer）是第一台具有冯·诺依曼设计思想的电子数字计算机。虽然计算机技术发展很快，但冯·诺依曼设计思想至今仍然是计算机内在的基本工作原理，是理解计算机系统功能与特征的基础。

指令是一种采用二进制表示的、要计算机执行某种操作的命令，每一条指令都规定了计算机所要执行的一种基本操作。程序就是完成既定任务的一组指令序列，计算机按照程序规定的流程依次执行一条条指令，最终完成程序所要实现的目标。

计算机利用存储器存放所要执行的程序，中央处理器依次从存储器中取出程序的每一条指令，并加以分析和执行，直至完成全部指令任务为止。这就是计算机的"存储程序+程序控制"工作原理。

计算机不但能够按照指令的存储顺序依次读取并执行指令，而且还能根据指令执行的结果进行程序的灵活转移，这就使得计算机具有了类似于人的大脑的判断思维能力，再加上它的高速运算特征，计算机才真正成为人类脑力劳动的有力助手。

2．指令和指令系统

一台计算机可以有许多指令，指令的作用也各不相同，所有指令的集合称为计算机的指令系统。

指令通常由两部分组成：操作码和地址码。操作码指明计算机应该执行的某种操作的性质与功能，比如加法；地址码则指出被操作的数据（操作数）存放在何处，即指明操作数所在的地址。

指令按其功能可以分为两种类型：一类是命令计算机的各个部件完成基本的算术逻辑运算、数据存取和数据传送等操作，称为操作类指令；另一类则是用来控制程序本身的执行顺序，实现程序的分支、转移等，称为控制转移类指令。

每一种类型的中央处理器都有自己的指令系统。因此，某一类计算机的程序代码未必能够在其他计算机上执行，这就是所谓的计算机"兼容性"问题。目前，个人计算机中使用最广泛的中央处理器是 Intel 公司和 AMD 公司的产品，由于两者的内部设计类同，指令系统几乎一致，因此这些个人计算机是相互兼容的。

即便是同一公司生产的产品，随着技术的发展和新产品的推出，它们的指令系统也是不同的。比如 Intel 公司的产品发展经历了 8088→80286→80386→80486→Pentium→……→Pentium 4→……每种新处理器包含的指令数目和种类越来越多，为了解决兼容性问题，通常采用"向下兼容"的原则，即新类型的处理器包含旧类型的处理器的全部指令，从而保证在旧类型处理器上开发的软件能够在新类型处理器中正确执行。

1.2　数制和编码

1.2.1　进位计数制

进位计数制是利用固定的数字符号和统一的规则来计数的方法。在日常生活中，人们最常用的是十进位计数制，即按照逢十进一的原则进行计数。

一般进位计数制包含三个基本要素：

（1）基数：某数制可以使用的数码个数。例如，十进制的基数是 10；二进制的基数是 2。

（2）数位：数码在一个数中所处的位置。

（3）位权：权是基数的幂，表示数码在不同位置上的数值，如 R^n。

以下介绍常见的十进制、二进制、八进制和十六进制。

1．十进制

人们日常生活中最常使用的就是十进制。亚里士多德称，人类普遍使用十进制，只不过是绝大多数人生来就有 10 根手指这样一个解剖学事实的结果。十进制的计数法是古代世界中最先进、最科学的计数法，对世界科学和文化的发展有着不可估量的作用。

十进制的基数为 10，数码由 0～9 组成。它的定义是："每相邻的两个计数单位之间的进率都为十"的计数法则，称为"十进制计数法"。

2．二进制

二进制是以 2 为基数的进位制，它由两个数码 0 和 1 组成。二进制数运算规律是逢二进一。例如：二进制数 10110011 可以写成$(10110011)_2$。

计算机领域之所以采用二进制进行计数，是因为二进制具有以下优点：

（1）二进制数中只有两个数码 0 和 1，可用二进制的 0、1 表示具有两种稳定状态的元器件的不同状态。例如，电路中某一通路的电流的有无、某一结点电压的高低、晶体管的导通和关断等。

（2）二进制数运算简单，大大简化了计算中运算部件的结构。

3．八进制

八进制是以 8 为基数的计数系统，使用数码 0～7。由于二进制数据的基数 R 较小，所以二进制数据的书写和阅读不方便，为此，在小型机中引入了八进制。并且每个数码正好对应 3 位二进制数，所以八进制能很好地反映二进制。

4．十六进制

十六进制是以 16 为基数的计数系统。使用数码 0～9、A～F，其中 A～F 分别对应十进制 10～15。十六进制遵循"逢十六进一，借一当十六"的计数规则。十六进制数的每个数码正好对应 4 位二进制数。

1.2.2　不同进制数之间的相互转换

1．R 进制数转换为十进制数

R 进制数转换为十进制数，按位乘 R 的 i 次方后相加（小数点左边第一位 0 次方，第二位 1 次方，依此类推），比如 R 进制数字 1234，转换成十进制后为 $4 \times R^0 + 3 \times R^1 + 2 \times R^2 + 1 \times R^3$。

例如，当 $R=2$ 时，将二进制数 $(11001)_2$ 按权展开并相加。

$(11001)_2 = 1 \times 2^4 + 1 \times 2^3 + 0 \times 2^2 + 0 \times 2^1 + 1 \times 2^0 = (25)_{10}$

2．十进制数转换为 R 进制数

十进制数转换为 R 进制数，反复除 R 取余数，即除 R 的商再取余数，直到商为 0，把余数按顺序从低位到高位写出即可。比如 $(1234)_{10}$ 转换为八进制，第 1 次除 8 得 154 余 2，154 除 8 得 19 余 2，19 除 8 得 2 余 3，2 除 8 得 0 余 2，所以最后得到 $(2322)_8$。

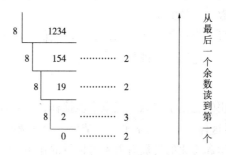

故 $(1234)_{10} = (2322)_8$。

例如，当 $R=2$ 时，将十进制数 12 做除 2 取余法，即 12 除 2，余数为权位上的数，得到的商继续除 2，依此步骤继续向下运算直到商为 0 为止，具体用法如下：

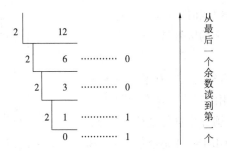

故$(12)_{10}=(1100)_2$。

1.2.3　西文编码

字符的集合称为"字符集"。西文字符集由字母、数字、标点符号和一些特殊符号组成。字符集中的每一个符号都有一个数字编码，即字符的二进制编码。目前计算机中使用最广泛的西文字符集是 ASCII 字符集，其编码称为 ASCII 码，它是美国标准信息交换码（American standard code for information interchange）的缩写，已被国际标准化组织（ISO）采纳，作为国际通用的信息交换标准代码，对应的国际标准是 ISO 646。

ASCII 码有 7 位 ASCII 码和 8 位 ASCII 码两种。

7 位 ASCII 码称为标准（基本）ASCII 码字符集，采用一个字节（8 位）表示一个字符，但实际只使用字节的低 7 位，字节的最高位为 0，所以可以表示 128 个字符。其中 95 个是可打印（显示）字符，包括数字 0～9，大小写英文字母以及各种标点符号等，剩下的 33 个字符是不可打印（显示）的，它们是控制字符。例如，数字 0～9 的 ASCII 码表示为二进制数 0110000～0111001（十进制数 48～57）。大写英文字母 A～Z 的 ASCII 码表示为二进制数 1000001～1011010（十进制数 65～90）。小写英文字母 a～z 的 ASCII 码表示为二进制数 1100001～1111010（十进制数 97～122）。同一个字母的 ASCII 码值小写字母比大写字母大 32。

8 位 ASCII 码称为扩展的 ASCII 码字符集。由于 7 位 ASCII 码只有 128 个字符，在很多应用中无法满足要求，为此国际标准化组织又制定了 ISO 2002 标准，它规定了在保持与 ISO 646 兼容的前提下，将 ASCII 码字符扩充为 8 位编码的统一方法。8 位 ASCII 码可以表示 256 个字符。

1.2.4　中文编码及输入法

汉字在计算机中如何表示呢？当然，也只能采用二进制编码。汉字的数量大、字形复杂、同音字多。目前我国汉字的总数超过 6 万个，常用的也有几千个，显然用一个字节（8 位）编码是不够的。

GB 2312—1980 是我国颁布的一个国家标准——国家标准信息交换用汉字编码字符集，其二进制编码称为国标码。国标码用两个字节表示一个汉字，并且规定每个字节只用低 7 位。GB 2312—1980 国标字符集由 3 部分组成。第一部分为字母、数字和各种符号，共 682 个；第二部分为一级常用汉字，按汉语拼音排列，共 3 755 个；第三部分为二级常用汉字，按偏旁部首排列，共 3 008 个。总的汉字数为 6 763 个。

GB 2312—1980 国标字符集由一个 94 行和 94 列的表格构成，表格的行数和列数从 0 开始编号，其中的行号称为区号，列号称为位号，如图 1.15 所示。每一个汉字或字母、数字和各种符号都有唯一的区号和位号，将区号和位号放在一起，就构成了区位码。例如，"文"字的区号是 46，位号是 36，所以它的区位码是 4636。

GB 2312—1980 国标字符集的汉字有限，一些汉字无法表示。随着计算机应用的普及，这个问题日渐突出。我国对 GB 2312—1980 国标字符集进行了扩充，形成了 GB 18030 国家标准。GB 18030 完全包含了 GB 2312—1980，共有汉字 27 484 个。

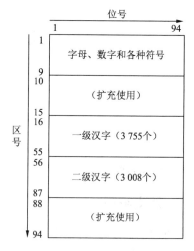

图 1.15   GB 2312—1980 字符集及区位分布

1.2.5   网络编码

随着因特网的迅速发展，进行信息交换的需求越来越大，不同的编码越来越成为信息交换的障碍，于是 Unicode 编码应运而生。Unicode 编码是由国际标准化组织于 20 世纪 90 年代初制定的一种字符编码标准，它用多个字节表示一个字符，世界上几乎所有的书面语言都能用单一的 Unicode 编码表示。

前 128 个 Unicode 字符是标准 ASCII 字符，接下来的是 128 个扩展的 ASCII 字符，其余的字符供不同的语言使用。目前，Unicode 中有汉字 27 786 个。在 Unicode 中，ASCII 字符也用多个字节表示，这样，ASCII 字符与其他字符的处理就统一起来了，大大简化了处理的过程。

1.3   多媒体技术

自 20 世纪 80 年代中后期开始，多媒体、多媒体技术就成了人们关注的热点之一。经过不断努力，多媒体技术使冰冷的计算机转变为图文并茂、有声有色、多姿多彩的计算机。图像、语音的实时获取、传输及存储，使人们拉近了相互的距离，虽然相距千里但既能听其声又能见其人，给人们的生活、工作带来了巨大的变化。随着各种多媒体软件的开发与应用，以及多媒体计算机的逐步普及，多媒体技术和产品必将更广泛、更深入地影响人们生活、工作的方方面面。

当前多媒体技术已发展成集计算机硬件技术、软件技术、信息技术于一身的一门综合性电子信息技术学科。多媒体技术已广泛应用于生产、科研、国防和通信等领域，同时也已进入千家万户，正逐渐成为人们生活中必不可少的组成部分。多媒体化是信息化发展的一个必然阶段，多媒体技术的广泛应用是信息时代的基本特征之一。多媒体技术与其他学科集成和融合所组合成的新学科是推动信息化社会发展的重要动力之一。

1.3.1   概述

所谓媒体（medium），是指信息表示和传播的载体。例如，文字、声音、图形图像等都是媒体。在计算机领域，这些媒体的定义有：

（1）感觉媒体。直接作用于人的感官，使人能直接产生感觉的信息载体称为感觉媒体。例如，人类的各种语言、播放的音乐、自然界的各种声音、图形、静止或运动的图像等。

（2）表现媒体。表现媒体是感觉媒体与计算机之间的各种输入/输出设备，如键盘、鼠标、摄像机、话筒、显示器、打印机等。

（3）表示媒体。这是为了加工、处理和传输感觉媒体而人为地进行研究、构造出来的一种媒体。一般指各种编码，如 ASCII 码、Unicode 码、汉字编码等。

（4）存储媒体。存储媒体用来存放各种表示媒体，如内存、硬盘、光盘等。

（5）传输媒体。传输媒体是用来将媒体从一处传送到另一处的物理载体，如各种类型的网络电缆。

多媒体（multimedia）是有两种或两种以上媒体的有机集成体，国际电联（international telecommunication union，ITU）对多媒体的表述是：使用计算机交互式综合技术和数字通信网技术处理多种表示媒体文本、图形、图像和声音，使多种信息建立逻辑连接，集成为一个交互系统。

多媒体技术（multimedia computer technology）概括起来说，是一种能同时获取、处理、编辑、存储和显示两种以上不同媒体的技术，是利用计算机对文字、图像、图形、动画、音频、视频等多种信息进行综合处理、建立逻辑关系和人机交换作用的产物。因此从使用者看来，多媒体是一个丰富多彩的世界，通过它能使人们感觉到数字信息展现的多样化，以及计算机网络世界带来的信息的美妙与快乐。

多媒体计算机（multimedia computer，MPC）是指具有多媒体功能的计算机。多媒体计算机包含 5 个基本部分：个人计算机、CD-ROM 或 DVD 驱动器、声卡、音响或耳机、Windows 操作系统，也可以配置视频卡，快速处理视频图像，为多媒体计算机与电视机、摄像机等设备的连接提供接口。现在配置的个人计算机几乎都是多媒体计算机。

1.3.2　多媒体编码

在多媒体技术的应用过程中，经常要对各种媒体进行编辑、处理。目前常用的媒体有声音媒体、图形、图像媒体及视频媒体。下面介绍声音媒体和图像媒体。

1. 声音媒体

声音媒体可以分为波形声音、语音和音乐。实际上波形声音可以将任何声音进行采样量化。它常见的文件格式是 WAV 格式。WAV 是英文单词 wave（波形）的缩写。声音是一种波，当人们在谈话、唱歌时就会发出声波。而波形声音可以通过麦克风或录音机输入来采集，也可以通过 CD 光盘输入来采集。在输入过程中声卡以一定的采样频率对输入的声音进行采样，在处理时先将声音的模拟信号转换为数字信号（A/D），然后以扩展名为 WAV 的格式保存在硬盘上。被记录下来的声音在重放时，会将 WAV 文件中的数字信号还原成模拟信号（D/A），模拟信号经过混音，由扬声器输出，就是人们听到的声音。将声音媒体集成到多媒体中，可提供其他媒体不能替代的效果，不仅渲染气氛、增加感染力，同时也可以增强对其他媒体所表达信息的理解。

一般来说，数字音频的音质取决于 3 个主要因素。①采样频率：也就是波形被等分的份数，份数越多（即频率越高），质量越好。②采样精度：即每次采样的信息量，若用 8 位 A/D 转换，则可以把采样信号分成 256 份；若用 16 位 A/D 转换，则可以把采样信号分成 65 536 份，显然 16 位的音质比 8 位的要好。③通道数：声音的通道个数表明声音产生的波形数，单声道产生一个波形，立体声道产生两个波形。采用立体声道声音饱满，但占的存储空间大。通常采样样本的尺寸越大、采样频率越高，音质越好，但波形文件越大。例如，8 位、立体声、11 kHz 采样 1 min

需要 1.32 MB；16 位、立体声、44 kHz 采样 1 min 需要 10 MB。

2．图像媒体

在多媒体的应用中用到两种格式的数字图像：位图和矢量图。

（1）位图：即点阵图像文件，是用图像中的每个像素点的位置和像素点的颜色数据描述图像的，常用于表现真实世界的彩色照片，如图 1.16 所示。在位图图像中每个点用一个二进制数表示，画面的点越多，图像的精度越高；每个点的颜色越多，图像的色彩越丰富。一幅位图图像占用的字节数为：像素点数×颜色数据长度。一幅 1 024×768×24（位）真彩色的图像占 2.25 MB［1 024 ×768×3（字节）］。位图图像画面非常逼真，图片质量可以达到照片的水平，缺点是占用的空间偏大，放大缩小图像会产生失真。

（2）矢量图：又称图形文件，是用点和线绘制图像中的轮廓和线条，并用填充的方法给画面上色，如图 1.17 所示。矢量图文件中存储图像的矢量数据，包括点的位置坐标参数、线段的长度参数、矢量角度等。矢量图的特点是：可以准确地描述图像的轮廓、线条的长度，缩放图像时画面不会产生失真，但矢量图没有层次和质感，看上去不够真实。Flash 动画中的图像一般采用矢量图，文件很小，适合网上播放。

图 1.16　位图图像

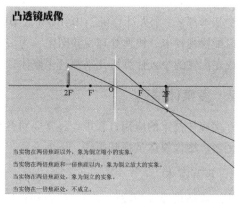

图 1.17　矢量图像

当前常用的图像格式有以下几种：

① BMP 格式：是 Windows 应用最广泛的一种图像文件格式。Windows 的屏幕背景、图标及点阵图全部采用 BMP 格式，在 Windows 上运行的图形图像软件均支持 BMP。BMP 图像生成时，从图像的左下角开始逐行扫描图像，即从左到右、从下到上，把图像的像素值一一记录下来，这些记录像素值的字节组成了位图阵列。BMP 能表示从单色到真彩色（24 位）的图像，一般以非压缩形式存储，故 BMP 文件在同等条件下比其他格式文件要大。

② GIF 格式：常用于在线信息网络，它提供了一种节省存储器的方法。GIF 图像色彩丰富，真实感强，可逼真地再现照片的效果。一个 GIF 文件可保存多幅图像，允许将文字叠加到图像上，支持交错图像生成（先生成图像轮廓，然后逐遍扫描将之细化，可使用户很快知道图像的大概轮廓，以便决定是否需要当前显示的图像，这是 Internet 上普遍用 GIF 的原因之一）。

③ JPEG 格式：是联合图像图形专家组制定的关于静态数字图像存储的一个标准，这种格式最多可支持 32 位的彩色图像，支持多种彩色空间和大范围空间分辨率的各种图像，适合照片

类图像。压缩比一般为 10∶1，若采用有损压缩（即可能丢掉部分图像信息），最高可达 100∶1。当压缩比为 40∶1 时，图像质量与非压缩的 TIFF 格式图像质量几乎没有什么区别。正因为 JPEG 的高压缩比、较高的图像质量及兼容多种操作系统的特性，使它与 GIF 一起在 Internet 上被广泛应用。

④ PNG 格式：是一种无损压缩位图文件格式，也是网上常用的图像文件格式。被认为是目前最不失真的图像格式，文件扩展名为 ".png"。该格式汲取了 GIF 和 JPEG 的优点，存储形式丰富，兼有 GIF 和 JPEG 的色彩模式。PNG 能够提供比 GIF 小 30% 的无损图像压缩文件，把图像文件压缩到极限以利于网络传输，但又能保留所有与图像品质有关的信息，而且其显示速度很快，只需下载 1/64 的图像信息就可以显示出低分辨率的预览图像。

⑤ TIFF 格式：是 Mac 计算机中广泛使用的无损压缩位图格式，它由 Aldus 和 Microsoft 公司为桌面出版系统研制开发的一种较为通用的图像文件格式，文件扩展名为 ".tif" 和 ".tiff"。TIFF 的特点是图像格式复杂、存储信息多，灵活宜变，主要用来存储照片和艺术图像。

⑥ PSD 格式：是 Adobe 公司的图像处理软件 Photoshop 的专用文件格式，是一种非压缩的原始文件保存格式，文件扩展名为 ".psd"。在 Photoshop 所支持的各种图像格式中，PSD 的存取速度比其他格式快很多，功能也很强大。

3．视频媒体

视频是由一些静态图像以一定的速度连续播放出来的图像效果。每秒播放图像的张数称为帧速率。视频文件的大小和质量除了与帧速率有关外，还与图像的分辨率及图像的颜色深度有关。要生成一段视频，从原理上说，就是要生成视频的每一帧图像。这些图像可由手工编辑生成，也可由计算机软件自动生成。当前的视频可以分为模拟视频、数字视频。常见的视频文件格式有：

- RealVideo 的.rm 视频影像格式。
- Intel 公司的.avi 视频格式。
- Microsoft Media Technology 的.asf 格式。
- QuickTime 的.qt 格式。
- Flash 的.swf 格式。

1.3.3　常见多媒体处理软件

1．MediaStudio Pro

MediaStudio Pro 是由著名的 Ulead 公司出品的一款 Video 视频制作软件，是非常专业、屡获嘉奖的视频制作工具，具有视频捕捉、视频编辑、视频输出等项功能。

2．Sound Forge

Sound Forge 能够非常方便、直观地实现对音频文件（wav 文件）以及视频文件（avi 文件）中的声音部分进行各种处理，满足从最普通用户到最专业的录音师的所有用户的各种要求。

3．3D Studio Max

3D Studio Max 常简称为 3d Max 或 3ds Max，是 Discreet 公司开发的（后被 Autodesk 公司合并）基于 PC 系统的三维动画渲染和制作软件。其前身是基于 DOS 操作系统的 3D Studio 系列软件。

4．Adobe Premiere

一款编辑画面质量比较好的软件，有较好的兼容性，且可以与 Adobe 公司推出的其他软件相互协作。目前这款软件广泛应用于广告制作和电视节目制作中。

5．Adobe Audition（前 Cool Edit Pro）

美国 Adobe Systems 公司（前 Syntrillium Software Corporation）开发的一款功能强大、效果出色的多轨录音和音频处理软件。

1.4　数据库技术

1.4.1　概述

数据库是以实现数据处理为目标的、按某种数据模型（规则和方法）组织起来的、存放在外存储器中的数据集合。数据库技术研究的问题就是如何科学地组织、存储和管理数据，如何高效地获取和处理数据。

数据库的特点如下：

（1）实现数据共享。所有授权的用户可同时访问（查询和维护）数据库中的数据。

（2）减少数据冗余度。由于数据库实现了数据共享，从而避免了用户各自建立具有大量重复数据的文件，同时维护了数据的一致性。

（3）数据的独立性。数据库中数据库的逻辑结构与应用程序相互独立，使用者可以用不同方法去访问数据库，也可以使用同一种方法访问不同的数据库。

（4）数据的集中控制。将不同用户之间处于分散状态、没有直接关联的文件，用数据库进行集中控制和统一管理，是实现数据共享和维护数据一致性的基础。

（5）数据的完整性和安全性。完整性主要包括保证数据的正确性、有效性和相容性；安全性包括防止越权使用数据、更新失败后的回滚、数据多路并发存取控制、数据备份和故障恢复等。

1.4.2　关系数据库

关系数据库（relational database）是数据库应用的主流，许多数据库管理系统的数据模型都是基于关系数据模型开发的。在一个给定的应用领域中，所有实体及实体之间联系的集合构成一个关系数据库。目前关系数据库的代表有：SQL Server、Oracle 和 MySQL。

关系数据库的优点如下：

（1）容易理解，二维表的结构非常贴近现实世界。

（2）使用方便，通用的 SQL 语句使得操作关系型数据库非常方便。

（3）易于维护，数据库的 ACID 属性，大大降低了数据冗余和数据不一致的概率。

1.4.3　数据库管理系统

数据库管理系统（database management system，DBMS）是一种操纵和管理数据库的大型软件，用于建立、使用和维护数据库，对数据库进行统一的管理和控制，以保证数据库的安全性和完整性。用户通过 DBMS 访问数据库中的数据，数据库管理员也通过 DBMS 进行数据库的维护工作。

它提供多种功能，可使多个应用程序和用户用不同的方法在同一时刻或不同时刻去建立、修改和访问数据库。一般来说，它应包括以下几方面的内容：

（1）数据库描述功能：定义数据库的逻辑结构和其他各种数据库对象。

（2）数据库管理功能：包括系统配置、数据存取与更新、数据完整性和安全性管理。

（3）数据库的查询和操纵功能：包括数据库检索与修改。

（4）数据库维护功能：包括数据导入导出管理、数据库结构维护、数据恢复和性能监测。

许多 DBMS 还内嵌了交互式查询、可视化界面与报表生成等工具。为了提高数据库系统的开发效率，现代数据库管理系统通常都提供支持应用开发的开放式接口。

数据库管理系统按数据模型的不同，分为层次型、网状型和关系型三种类型。其中，关系型数据库管理系统使用最为广泛，SQL Server、Visual FoxPro、Oracle、Access 等都是常用的关系型数据库管理系统。

第 2 章 微机资源管理

　　微机资源管理是通过操作系统来完成的，操作系统是建立在硬件基础上的，它的作用主要有两个：一是有效地管理和使用其下层的计算机硬件资源；二是为其上层的应用软件提供安装和使用环境。

　　本章主要介绍操作系统的概述、微机用户界面和资源管理的实现。

2.1　操作系统概述

　　操作系统是协调和控制计算机各部分进行和谐工作的一个系统软件，是计算机所有软、硬件资源的管理者和组织者。人们借助于操作系统才能方便灵活地使用计算机，而 Windows 则是 Microsoft 公司开发的基于图形用户界面的操作系统，也是目前最流行的微机操作系统。操作系统的主要功能如图 2.1 所示。

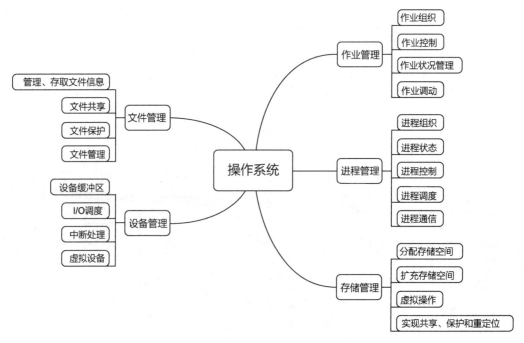

图 2.1　操作系统功能图

操作系统的主要功能有作业管理、进程管理、存储管理、设备管理和文件管理，在计算机操作系统中它们相互配合，共同完成操作系统既定的全部职能。它使计算机系统能协调、高效和可靠地进行工作，同时也为用户提供一种方便友好地使用计算机的环境。

本章首先介绍操作系统的基本知识和概念，之后重点讲解 Windows 7 的使用与操作。

2.1.1　操作系统的概念及功能

1．概念

操作系统是管理和控制计算机的软硬件资源，合理组织计算机的工作流程，以便有效地利用这些资源为用户提供功能强大、使用方便和可扩展的工作环境，为用户使用计算机提供接口的程序集合。

在计算机系统中，操作系统位于硬件和用户之间，一方面，它能向用户提供接口，方便用户使用计算机；另一方面，对计算机软硬件资源进行合理高效的分配，让用户最大限度地使用计算机的功能。

2．操作系统的功能

操作系统的主要功能是管理计算机资源，所以其大部分程序都属于资源管理程序。计算机系统中的资源可以分为四类：即处理器、主存储器、外围设备和信息（程序和数据）。管理上述资源的操作系统也包含四个模块，即处理器管理、存储器管理、设备管理和文件管理。操作系统的其他功能是合理地组织工作流程和方便用户。操作系统提供的作业管理模块，对作业进行控制和管理，成为用户和操作系统之间的接口。由此可以看出，操作系统应包括五大基本功能模块。

1）作业管理

作业是用户程序及所需的数据和命令的集合，任何一种操作系统都要用到作业这一概念。作业管理就是对作业的执行情况进行系统管理的程序集合，主要包括作业的组织、作业控制、作业的状况管理及作业的调动等功能。

2）进程管理

进程是可与其他程序共同执行的程序的一次执行过程，它是系统进行资源分配和调度的一个独立单位。程序和进程不同，程序是指令的集合，是静态的概念；进程则是指令的执行，是一个动态的过程。

进程管理是操作系统中最主要又最复杂的管理，它描述和管理程序的动态执行过程。尤其是多个程序分时执行、机器各部件并行工作及系统资源共享等特点，使进程管理更为复杂和重要。它主要包括进程的组织、进程的状态、进程的控制、进程的调度和进程的通信等控制管理功能。

3）存储管理

存储管理是操作系统中用户与主存储器之间的接口，其目的是合理利用主存储器空间并且方便用户。存储管理主要包括如何分配存储空间、如何扩充存储空间以及如何实现虚拟操作，如何实现共享、保护和重定位等功能。

4）设备管理

设备管理是操作系统中用户和外围设备之间的接口，其目的是合理使用外围设备并且方便用户。设备管理主要包括如何管理设备的缓冲区、进行 I/O 调度，实现中断处理及虚拟设备等功能。

5）文件管理

文件是指一个具有符号名的一组关联元素的有序序列，计算机是以文件的形式来存放程序和数据的。文件管理是操作系统中用户与存储设备之间的接口，它负责管理和存取文件信息。不同的用户共同使用同一个文件，即文件共享；文件本身需要防止其他用户有意或无意的破坏，即文件的保护等，也是文件管理要考虑的。

2.1.2　操作系统的分类

操作系统从不同的角度有不同的分类方法。

1．按结构和功能分类

操作系统按结构和功能一般分为批处理系统、分时操作系统，实时操作系统、嵌入式操作系统、网络操作系统以及分布式操作系统。

1）批处理操作系统

批处理（batch processing）操作系统工作时用户将作业交给系统操作员，系统操作员将许多用户的作业组成一批作业，之后输入计算机中，形成一个自动转接的连续作业流；然后启动操作系统，系统自动、依次执行每个作业；最后由操作员将作业结果交给用户。典型的批处理操作系统有 DOS 和 MVX。

2）分时操作系统

分时（time sharing）操作系统工作时将一台主机连接若干个终端，每个终端有一个用户在使用；用户交互式地向系统提出命令请求，系统接收每个用户的命令后，采用时间片轮转方式处理服务请求，并通过交互方式在终端上向用户显示结果；用户根据上步结果发出下道命令。分时操作系统将 CPU 的时间划分成若干个片段，称为时间片。操作系统以时间片为单位，轮流为每个终端用户服务。由于时间片轮转时间极短，每个用户轮流使用时间片时感受不到其他用户的操作。典型的分时操作系统有 Windows、UNIX 和 Mac OS 等。

3）实时操作系统

实时操作系统（real-time operating system，RTOS）是指使计算机能及时响应外部事件的请求，在严格规定的时间内完成对该事件的处理，并控制所有实时设备和实时任务协调一致工作的操作系统。实时操作系统追求的目标是对外部请求在严格时间范围内做出反应，拥有高可靠性和完整性。典型的实时操作系统有 IEMX、VRTX 和 RTOS 等。

4）嵌入式操作系统

嵌入式操作系统（embedded operating system，EOS）负责对嵌入式系统的全部软、硬件资源进行统一协调、调度、指挥和控制。通常由硬件相关的底层驱动软件、系统内核、设备驱动接口、通信协议、图形界面、标准化浏览器等部分组成。典型的嵌入式操作系统有 iOS、安卓（Android）、COS、Windows Phone 等。

5）网络操作系统

网络操作系统是基于计算机网络，在各种计算机操作系统基础上按网络体系结构协议标准开发的系统软件，包括网络管理、通信、安全、资源共享及各种网络应用，可实现对多台计算机的硬件和软件资源进行管理、控制、相互通信及资源共享。网络操作系统除了具有一般操作系统的基本功能之外，还具有网络管理模块，其主要功能是提供高效、可靠的网络通信能力和多种网络服务。

网络操作系统通常运行在计算机网络系统中的服务器上。典型的网络操作系统有 Netware、Windows Server、UNIX 和 Linux 等。

6）分布式操作系统

分布式操作系统是由多台计算机通过网络连接在一起而组成的，系统中任意两台计算机可以远程调用、交换信息，系统中的计算机无主次之分，系统中的资源被提供给所有用户共享，一个程序可分布在几台计算机上并行地运行，互相协调完成一个共同的任务，优化管理分布式系统资源。分布式操作系统的引入主要是为了增加系统的处理能力、节省投资、提高系统的可靠性。典型的分布式操作系统有 Mach 和 Amoeba 等。

2．按用户数量分类

操作系统按用户数量一般分为单用户操作系统和多用户操作系统。

（1）单用户操作系统。单用户操作系统又可以分为单用户单任务操作系统和单用户多任务操作系统。

① 单用户单任务操作系统：在一个计算机系统内，一次只能运行一个用户程序，此用户独占计算机系统的全部软硬件资源，典型的单用户单任务操作系统有 MS-DOS、PC-DOS 等。

② 单用户多任务操作系统：也是为单用户服务的，但它允许用户一次提交多项任务，典型的单用户多任务操作系统有 Windows 7、Windows 8 等。

（2）多用户操作系统允许多个用户通过各自的终端使用同一台主机，共享主机中各类资源。典型的多用户多任务操作系统有 Windows NT、Windows Server、UNIX、Linux 等。

2.1.3 常用的操作系统

1. DOS 操作系统

DOS（disk operation system，磁盘操作系统）是一种单用户、单任务的计算机操作系统。DOS 采用字符界面，必须输入各种命令来操作计算机，这些命令都是英文单词或缩写，比较难于记忆，不利于一般用户操作计算机。进入 20 世纪 90 年代后，DOS 逐步被 Windows 系列操作系统所取代。

2. Windows 操作系统

Microsoft 公司成立于 1975 年，是世界上最大的软件公司之一，其产品覆盖操作系统、编译系统、数据库管理系统、办公自动化软件和互联网软件等各个领域。从 1983 年 11 月 Microsoft 公司宣布 Windows 1.0 诞生到今天的 Windows 10，Windows 已经成为风靡全球的计算机操作系统。Windows 操作系统发展历程如表 2.1 所示。

表 2.1 Windows 操作系统发展历程

Windows 版本	推 出 时 间	特　　　点
Windows 3.x	1990 年	具备图形化界面，增加 OLE 技术和多媒体技术
Windows NT 3.1	1993 年	Windows NT 系列第一代产品，由微软和 IBM 联合研制，用于商业服务器
Windows 95	1995 年 8 月	脱离 DOS 独立运行，采用 32 位处理技术，引入"即插即用"等许多先进技术，支持 Internet
Windows 98	1998 年 6 月	FAT32 支持，增强 Internet 支持，增强多媒体功能

续表

Windows 版本	推出时间	特　点
Windows 2000	2000 年 2 月	面向商业领域的图形化操作系统，稳定、安全、易于管理
Windows 2000 Sever	2000 年	Windows 2000 的服务器版本，稳定性高，操作简单易用
Windows XP	2001 年 10 月	纯 32 位操作系统，更加安全、稳定、易用性更好
Windows 2003 Server	2003 年 4 月	服务器操作系统，易于构建各种服务器
Windows Vista	2007 年 1 月	界面美观，安全性和操作性有了许多改进
Windows 7	2009 年 10 月	启动快、功耗更低、多种个性化设置、用户体验好
Windows 8	2012 年 10 月	启动更快、占用内存少，拥有触控式交互系统，多平台移植性好
Windows 10	2015 年 7 月	修复了 Windows 8 的一些错误

目前流行的 Windows 7 操作系统具有以下主要技术特点。

- 简单易用：简化安装操作流程，提供快速的本地、网络和互联网信息搜索功能。
- 界面绚丽：引入 Aero Peek 功能，利用图形处理器资源加速，窗口操作流畅，提升了用户体验。
- 效率更高：提高多核心处理器的运行效率，内存和 CPU 占用较少，启动和关闭迅速，在笔记本式计算机中的运行速度很快。
- 节能降耗：在对空闲资源能耗、网络设备能耗、CPU 功耗等方面进行动态调节，极大地降低能耗。
- 融合创新：提供对触摸屏设备多点触控、固态硬盘主动识别等新技术和新设备的支持。
- 更加安全：提供用户账户控制、多防火墙配置文件等技术，增强系统安全性，并将数据保护和管理扩展到了外围设备。

3．UNIX 操作系统

UNIX 操作系统于 1969 年在贝尔实验室诞生，它是交互式分时操作系统。

UNIX 取得成功的最重要原因是系统的开放性、公开源代码、易理解、易扩充、易移植性。用户可以方便地向 UNIX 操作系统中逐步添加新功能和工具，这样可使 UINX 越来越完善，提供更多服务，从而成为有效的程序开发的支持平台。它是可以安装和运行在微型机、工作站以及大型机和巨型机上的操作系统。

UNIX 操作系统因其稳定可靠的特点而在金融、保险等行业得到广泛应用，其具有以下技术特点。

- 多用户多任务操作系统，用 C 语言编写，具有较好的易读、易修改和可移植性。
- 结构分核心部分和应用子系统，便于做成开放系统。
- 具有分层可装卸卷的文件系统，提供文件保护功能。
- 提供 I/O 缓冲技术，系统效率高。
- 剥夺式动态优先级 CPU 调度，有力地支持分时功能。
- 请求分页式虚拟存储管理，内存利用率高。
- 命令语言丰富齐全，提供了功能强大的 Shell 语言作为用户界面。
- 具有强大的网络与通信功能。

美国苹果公司的 Mac 操作系统就是基于 UNIX 内核开发的图形化操作系统，是苹果计算机专用系统，一般情况下无法在普通的 PC 上安装。从 2001 年 3 月发布最初的 Mac OS X 10.0 版本到今天的 Mac OS 10.15 版本，一直以简单易用和稳定可靠著称。

4．Linux 操作系统

Linux 是由芬兰科学家 Linus Torvalds 于 1991 年编写完成的一个操作系统内核。当时，他还是芬兰首都赫尔辛基大学计算机系的学生，在学习操作系统课程时，自己动手编写了一个操作系统原型。Linus 把这个系统放在互联网上，允许自由下载，许多人对这个系统进行改进、扩充、完善，进而逐步地发展成完整的 Linux 操作系统。

Linux 是一个开放源代码、类 UNIX 的操作系统。它除了继承 UNIX 操作系统的特点和优点以外，还进行了许多改进，从而成为一个真正的多用户、多任务的通用操作系统。Linux 具有以下技术特点。

- 继承了 UNIX 的优点，并进一步改进，紧跟技术发展潮流。
- 全面支持 TCP/IP，内置通信联网功能，使异种机方便地联网。
- 是完整的 UNIX 开发平台，几乎所有主流语言都已被移植到 Linux。
- 提供强大的本地和远程管理功能，支持大量外围设备。
- 支持 32 种文件系统。
- 提供 GUI，有图形接口 X–Window，有多种窗口管理器。
- 支持并行处理和实时处理，能充分发挥硬件性能。
- 开放源代码，其平台上开发软件成本低，有利于发展各种特色的操作系统。

5．移动终端常用操作系统

移动终端是指可以在移动中使用的计算机设备，具有小型化、智能化和网络化的特点，广泛应用于人们生产生活各领域，如手机、笔记本式计算机、POS 机、车载电脑等。移动终端常用的操作系统主要有以下系列。

1）iOS 操作系统

在 Mac OS X 桌面系统的基础上，苹果公司为其移动终端设备（iPhone、iPod Touch、iPad 等）开发了 iOS 操作系统，于 2007 年 1 月发布，原名为 iPhone OS 系统，2010 年 6 月改名为 iOS，目前最新的版本是 iOS 13，是目前最具效率的移动终端操作系统。

2）安卓操作系统

美国谷歌公司基于 Linux 平台，开发了针对移动终端的开源操作系统即安卓（Android）操作系统，2008 年 9 月发布了最初的 Android 1.1 版本，目前最新版本是 Android 9。由于是开源系统，所以拥有极大的开放性，允许任何移动终端厂商加入到安卓系统的开发中来，使支持安卓系统的硬件设备和应用程序层出不穷，用途包罗万象。应用该系统的主要设备厂商有华为、三星等。

3）COS 操作系统

2014 年 1 月，中国科学院软件研究院和上海联彤网络通讯技术有限公司在北京联合发布了具有自主知识产权的国产操作系统 COS（China Operating System）。COS 系统采用 Linux 内核，支持 HTML 5 和 Java 应用，具有符合中国消费者行为习惯的界面设计，支持多终端平台和多类型应用，具有安全快速等特点，可广泛应用于移动终端、智能家电等领域。该系统不开源，所有应用程序只能通过"COS 应用商店"程序下载和安装。

2.2 微机用户操作界面

微机用户操作界面是非常重要的，用户界面是否友好、是否方便易用，在很大程度上决定了计算机的受欢迎程度和普及率。

图形界面的引入，使用户能直观地进行计算机操作。一条条计算机命令，都已经变成了一个个形象化的图标、按钮或菜单项，只要对它们进行操作，就可以完成复杂的任务。这极大地减轻了人们的记忆负担，简化和易化了计算机的使用。图形界面的广泛使用，让计算机登上了每张办公桌，走入了千家万户，真正成为人们的强有力的助手。

微机用户操作界面主要有：桌面、窗口和菜单。

2.2.1 桌面

启动 Windows 7 后，界面如图 2.2 所示。该界面被称为桌面，它是组织和管理资源的一种有效的方式。正如日常的办公桌面常常搁置一些常用办公用品一样，Windows 7 也利用桌面承载各类系统资源。桌面主要包含桌面背景、快捷图标和任务栏等内容。

图 2.2　Windows 7 操作系统界面

桌面背景是屏幕上的主体部分显示的图像，其作用是美化用户界面。

桌面快捷图标是由一些图形和文字组成的，这些图标代表某一个工具、程序或文件等。双击这些图标可以打开文件夹，或启动某一应用程序。用户可以对桌面图标自行设置图标样式。

Windows 7 系统安装完成后，在默认情况下桌面上只显示"回收站"图标，添加其他图标可在桌面空白区域右击，在弹出的快捷菜单中选择"个性化"命令，在弹出"个性化"窗口中选择"更改桌面图标"命令，打开"桌面图标设置"对话框，在"桌面图标"选项卡内可以勾选或取消在桌面显示的图标。常用图标一般包括"用户文档""计算机""网络""Internet Explorer"等。

- "用户文档"：用于存储用户各种文档的默认文件夹。
- "计算机"：用于组织和管理计算机中的软硬件资源，其功能等同"Windows 资源管理器"。
- "网络"：用于浏览本机所在的局域网的网络资源。
- "Internet Explorer"：用于浏览互联网上的内容。

- "回收站"：用于暂存、恢复或永久删除已删除的文件或文件夹。

任务栏位于桌面底部，包括"开始"按钮、快速启动栏、应用程序栏、通知区域和"显示桌面"按钮，如图 2.3 所示。

图 2.3 任务栏

1. "开始"按钮

单击"开始"按钮，弹出"开始"菜单，在"开始"菜单中集成了系统的所有功能，如图 2.4 所示。该菜单分为两列，左侧列出最常用的程序列表，这种风格便于用户方便地访问常用程序，提高工作效率；右侧区域放置了使用频率较高的"文档""控制面板"等内容。菜单的底部有"所有程序"命令、"关机"按钮和"搜索程序和文件"输入框。

（1）选择"所有程序"命令，在打开的菜单中将显示本机上安装的所有程序。

（2）鼠标指针指向"关机"按钮右侧箭头，将弹出"切换用户""注销""锁定""重新启动""睡眠"命令，如图 2.5 所示。

图 2.4 "开始"菜单

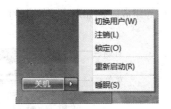

图 2.5 "关机"按钮和相关命令

- 选择"切换用户"和"注销"命令，系统都将注销当前用户，返回用户切换界面。但选择"切换用户"命令是将当前用户的工作转入后台挂起，暂时启用另一用户的工作；选择"注销"命令是将当前用户的所有程序关闭，再更换用户。
- 选择"锁定"命令可使系统返回用户切换界面，在该界面中单击用户图标可以解除锁定。
- 选择"睡眠"命令，系统将处于待机状态，系统功耗降低，单击或按【Enter】键即可唤醒系统。
- 选择"重新启动"命令，系统将重新启动。

（3）在"搜索程序和文件"输入框中用户输入需要查找的程序或文件夹等本地内容的关键词，"开始"菜单会同步显示相应的搜索结果。

2．快速启动栏

快速启动栏用于快速启动应用程序。单击某个程序图标，即可打开对应的应用程序；当鼠标指针停在某个程序图标上时，将会显示该程序的提示信息。

3．应用程序栏

应用程序栏用于放置已经打开窗口的最小化图标。当前显示窗口图标呈高亮状态，如果用户要激活其他的窗口，只需单击"应用程序"栏中相应窗口图标即可。

4．通知区域

在该区域中显示了时间指示器、输入法指示器、扬声器控制指示器和系统运行时常驻内存的应用程序图标。

- 时间指示器：用于显示系统当前的时间。
- 输入法指示器：用来帮助用户快速选择输入法。
- 扬声器控制指示图标：用于调整扬声器的音量大小。

5．"显示桌面"按钮

该按钮位于任务栏的最右侧，单击该按钮时，所有已打开窗口将最小化到"任务栏"，用户直接回到系统桌面视图。

2.2.2　窗口

1．窗口的分类和组成

Windows 7 的窗口一般分为应用程序窗口、文档窗口和对话框 3 类。

1）应用程序窗口

应用程序窗口是应用程序运行时的人机界面，一般由标题栏、地址栏、搜索栏、工具栏、导航区域、状态栏等组成。例如双击桌面上的"计算机"图标，打开"计算机"程序窗口，如图 2.6 所示。

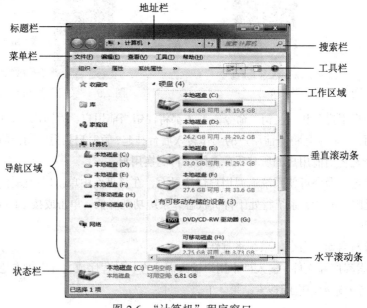

图 2.6　"计算机"程序窗口

- 标题栏：位于窗口顶部，用于显示窗口中运行的程序名或主要内容。包括控制按钮、窗口标题、"最小化"按钮 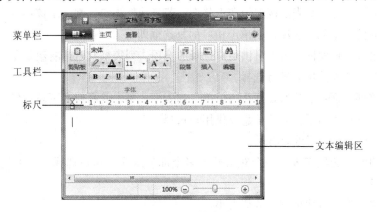、"最大化" （"还原" ）按钮和"关闭"按钮 。
- 地址栏：位于菜单栏下方，用于标识程序当前的工作位置。
- 菜单栏：位于地址栏的下方，它由多个菜单组成，每个菜单又可以包含一组菜单命令以供选择，通过菜单命令可以完成多种操作。
- 工具栏：位于菜单栏的下方，提供了调用系统各种功能和命令的按钮，操作非常快捷。
- 搜索栏：位于地址栏右侧，可快速搜索本地文件或程序。
- 导航区域：位于工具栏左下方，列出了用户经常能用到的一些存储文件的位置。
- 状态栏：位于窗口的底部，显示用户当前所选对象或菜单命令的简短说明。
- 工作区域：用于显示窗口当前工作主题的内容。一般由操作对象、水平滚动条、垂直滚动条等组成。

一般情况下，导航区包括几个选项组，用户可以通过单击选项组名称左侧箭头" "来隐藏或显示其具体内容。

- "收藏夹"选项组：以链接的形式为用户提供了计算机上其他的位置，在需要使用时，可以快速转到需要的位置，打开所需要的其他文件，包含"下载""桌面""最近访问的位置"。
- "库"选项组："库"是 Windows 7 提供的一种全新的文件容器，它可将分散在不同位置的本地文件集中显示，便于用户查找，有 4 个默认的"库"，即"文档"库、"音乐"库、"图片"库和"视频"库。
- "计算机"选项组和"网络"选项组：分别是指向"计算机"和"网络"程序的超链接。

2）文档窗口

文档窗口只能出现在应用程序窗口之内（应用程序窗口是文档窗口的工作平台），主要用于编辑文档，它共享应用程序窗口中的菜单栏。当文档窗口打开时，用户从应用程序菜单栏中选择的命令同样会作用于文档窗口或文档窗口中的内容。例如"写字板"文档窗口，如图 2.7 所示。

图 2.7　"写字板"文档窗口

- 菜单栏和工具栏：提供了文本编辑的功能。
- 标尺：显示文本宽度的工具，默认单位是厘米。
- 文本编辑区：用于输入和编辑文本的区域。

3）对话框

对话框是 Windows 和用户进行信息交流的一个界面，Windows 为了完成某项任务而需要从用户那里得到更多的信息时，就需要使用对话框。例如"打印"对话框，如图 2.8 所示。

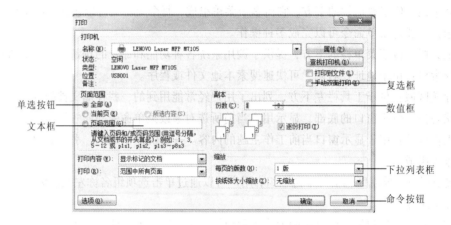

图 2.8　对话框窗口

- 命令按钮：单击命令按钮可立即执行命令。通常对话框中至少会有一个命令按钮。
- 文本框：文本框是要求输入文字的区域，直接在文本框中输入文字即可。
- 数值框：用于输入数值信息。用户也可以单击该数值框右侧的向上或向下微调按钮来改变数值。
- 单选按钮：单选按钮一般用一个圆圈表示，如果圆圈带有一个蓝色实心点，则表示该项为选定状态；如果是空心圆圈，则表示该项未被选定。单选按钮是一种排他性的设置，选定其中一个，其他选项将处于未选定状态。
- 复选框：复选框一般用方形框（或菱形）表示，用来表示是否选中该选项。若复选框中有"√"符号，则表示该项为选中状态；若复选框为空，则表示该项没有被选中。若要选中或取消选中某一选项，则单击相应的复选框即可。
- 列表框：列表框列出了可供用户选择的选项。列表框常常带有滚动条，用户可以拖动滚动条显示相关选项并进行选择。
- 下拉列表框：下拉列表框是一个单行列表框。单击其右侧的下拉按钮，将弹出一个下拉列表，其中列出了不同的信息以供用户选择。

另外，对话框中还可能出现：

- 选项卡：选项卡表示一个对话框由多个部分组成，用户选择不同的选项卡将显示不同的信息。
- 滑块：拖动滑块可改变数值大小。
- 帮助按钮：在一些对话框的标题栏右侧会出现一个 按钮，单击该按钮，然后单击某个项目，就可获得有关该项目的帮助。

在打开对话框后，可以选择或输入信息，然后单击"确定"按钮关闭对话框；若不需要对其进行操作，可单击"取消"或"关闭"按钮关闭对话框。

2．窗口操作

窗口的操作主要包括移动窗口、缩放窗口、切换窗口以及窗口的排列，具体介绍如下。

（1）移动窗口：只需将鼠标指针移动至窗口的标题栏上，按住鼠标左键拖动，即可把窗口放到桌面的任何地方。

（2）缩放窗口：每个窗口的右上角都有"最小化"按钮、"最大化/还原"按钮，通过它们可迅速放大或缩小窗口。单击"最大化"按钮，窗口就会充满整个屏幕，此时，"最大化"按钮将变为"还原"按钮，单击该按钮，可将窗口恢复到原来状态。单击"最小化"按钮，窗口会被最小化，即隐藏在桌面任务栏中，单击任务栏上该程序的图标时，又可以将窗口还原到原来的大小。

除了可以使用按钮来控制窗口的大小外，还可以使用鼠标来改变窗口的大小。将鼠标指针移动到窗口的边缘或 4 个角上的任意位置，当鼠标指针变成双向箭头的形状时，拖动鼠标就可以实现改变窗口大小的目的。

（3）切换窗口：当桌面打开有多个窗口时，可以利用【Alt+Tab】或【开始菜单键+Tab】组合键进行切换。其具体方法是：按住【Alt】键，再按【Tab】键，在桌面上将出现一个任务框，它显示了桌面上所有窗口的缩略图，如图 2.9 所示，此时，再按【Tab】键，可选择下一个图标。选定程序图标，放开【Alt】键，相应的程序窗口就会成为当前工作窗口；【开始菜单键+Tab】组合键使用方法同上，可实现 Flip 3D 效果的窗口切换。

在 Windows 7 中，当用户打开很多窗口或程序时，系统会自动将相同类型的程序窗口编为一组，切换窗口时就需要将鼠标指针移到任务栏上，单击程序组图标，弹出一个菜单，如图 2.10 所示，然后在菜单上选择要切换的程序选项即可。

图 2.9　窗口切换任务框

图 2.10　在程序组中切换窗口

（4）窗口排列：在任务栏空白处右击，弹出快捷菜单，用户可从中选择相应的命令以设置窗口的排列方式，如图 2.11 所示，窗口排列分为层叠窗口、堆叠显示窗口、并排显示窗口和显示桌面。

图 2.11　窗口排列菜单

2.2.3　菜单

Windows 7 中的菜单一般包括"开始"菜单、下拉菜单、快捷菜单、控制菜单等。

1．打开菜单

- 下拉菜单：单击菜单栏中相应的菜单，即可打开下拉菜单。
- 快捷菜单：是关于某个对象的常用命令快速运行的弹出式菜单，右击对象即可弹出。
- 控制菜单：单击窗口左上角的控制图标，或右击标题栏均可打开控制菜单。

2. 关闭菜单

打开菜单后，单击菜单以外的任何地方或按【Esc】键，就可以关闭菜单。

3. 菜单中常用符号的含义

菜单中含有若干命令，命令上的一些特殊符号有着特殊的含义，具体内容如下：

- 暗色显示的命令：表示该菜单命令在当前状态下不能执行。
- 命令后带有省略号（…）：表示执行该命令将打开对话框。
- 命令前有"√"标记：表示该命令正在起作用，再次单击该命令可删除"√"标记，则该命令将不再起作用。
- 命令前有"•"标记：表示在并列的几项功能中，每次只能选择其中一项。
- 命令右侧的快捷键：表示在不打开菜单的情况下，使用该快捷键可直接执行该命令。
- 命令左侧的"▶"标记：表示执行该命令将会打开一个级联菜单。

2.3　资源管理的实现

Windows 管理文件资源的工具有两个："计算机"和资源管理器。资源管理器通过文件目录的树状结构进行文件管理，非常直观和便捷。

这里使用资源管理器来进行文件操作。

1. 资源管理器的打开

右击"开始"按钮，选择"打开 Windows 资源管理器"命令，进入资源管理器窗口。单击工具栏中的"组织"→"布局"→"菜单栏"命令，显示菜单栏。

打开资源管理器后，窗口如图 2.12 所示。其上部是地址栏、菜单和工具栏，下部分为左右两窗格：左窗格是目录树，右窗格是文件夹和文件。

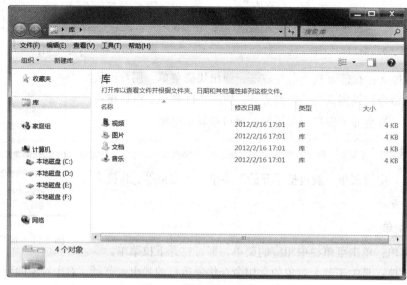

图 2.12　资源管理器窗口

2．文件夹与文件的浏览

在资源管理器左窗格的目录树中，凡带有"▷"的结点，表示其有下层子文件夹，单击可以展开；而带有"◢"的结点，表示其下层子文件夹已经展开，单击可以收拢。同时，上方的地址栏中给出了当前文件夹的名称，如图 2.13 所示。

图 2.13　目录树中子文件夹的展开与收拢和文件的查看方式

在资源管理器中选中"C:\Windows\Media"文件夹，单击上方的"查看"菜单项，可以看到有"超大图标""大图标""中等图标""小图标""列表""详细信息""平铺""内容"等 8 种查看方式。选定"详细信息"方式。

在资源管理器右窗格上方单击"名称"按钮，观察文件名的排列情况（从 a 到 z，升序），再单击一次，观察文件名的排列情况（从 z 到 a，降序）。

3．文件与文件夹的选择、复制和移动

文件和文件夹的复制和移动是最常用的文件操作。在进行操作之前，首先要对复制或移动的对象进行选择。选择一般在资源管理器右窗格中进行，形式有多种：

（1）单选。单击一个文件或文件夹，该对象被选中。

（2）连续选。要选定连续的多个对象，可单击第一个对象，再按住【Shift】键，单击最后一个对象。

（3）间隔选。要选定不连续的若干个对象，可按住【Ctrl】键，再单击各个对象。

（4）反选。选定若干个对象后，单击"编辑"→"反向选择"命令，则可放弃选定的对象，而选定文件夹中的其余对象。

（5）全选。单击"编辑"→"全选"命令，或者"组织"→"全选"命令，或者按【Ctrl+A】组合键，即可将当前文件夹中的对象全部选定。

对象选定之后，即可进行复制或移动操作。这里，有一个很重要的概念，即剪贴板。剪贴板是内存中的一个特定区域，它用来存放剪切或复制的内容。内容的类型不限，可以是文件或文件夹，也可以是文本、图形图像等。对象进入剪贴板后，即可粘贴到其他地方。由于整个系统共用一块剪贴板，所以，这种对象的剪切、复制和粘贴，可以在不同的应用程序窗口之间进行。这也是 Windows 操作系统的一大特点和优点。

复制或移动文件或文件夹的方法有如下多种：

方法 1：拖动法。

在资源管理器右窗格中选定对象后，按住鼠标左键，直接拖到左窗格中的目的文件夹中。

注意，如果操作是在同一个磁盘中，直接拖动的效果是移动。如果要复制，则应按住【Ctrl】键再拖；如果操作不在同一个磁盘中，则直接拖动的效果是复制。如果要移动，则应按住【Shift】键再拖。上述操作可以统一为：按住【Ctrl】键拖则为复制，按住【Shift】键拖则为移动。

方法 2：四步曲法。

① 选定对象。

② 单击"编辑"→"复制"命令或"编辑"→"剪切"命令；还可以使用【Ctrl+C】组合键或【Ctrl+X】键；也可以右击对象，在弹出的快捷菜单中选择"复制"或"剪切"命令。

③ 找到目的地。

④ 单击"编辑"→"粘贴"命令；还可以使用【Ctrl+V】组合键；也可以右击空白处，在弹出的快捷菜单中选择"粘贴"命令。

方法 3：对话法。

① 选定对象。

② 单击"编辑"→"复制到文件夹"命令或"编辑"→"移动到文件夹"命令。

③ 在弹出的浏览框中选定目的文件夹。

④ 单击"复制"或"移动"按钮。

4．文件夹的创建

（1）在资源管理器左窗格中选定要创建的文件夹的位置。

（2）在资源管理器右窗格的空白处右击，在弹出的快捷菜单中选择"新建"→"文件夹"，如图 2.14 所示。

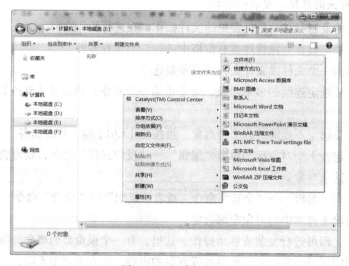

图 2.14　新建文件夹

（3）在"新建文件夹"的方框中输入文件夹名，例如"李平作业"，并按【Enter】键。新文件夹创建完毕。

5．文件与文件夹的重命名和删除

文件和文件夹的名称可以更改，不需要的文件和文件夹可以删除。

选中资源管理器右窗格中的某个文件或文件夹并右击，弹出图 2.15 所示的快捷菜单，选择"重命名"命令即可更改文件名。

图 2.15 文件的重命名和删除

另外，慢速单击文件名两次（不是双击），也可更改文件名。

在图 2.15 中，如选择"删除"命令，即可删除此文件。选中文件后按【Delete】键也可以删除文件。这样删除的文件将进入回收站，如果需要还可以还原。如果不想让文件进入回收站，则可以按住【Shift】键，再进行删除操作。

注意：

（1）文件的扩展名不要随便更改，更改后往往打不开。

（2）如果文件已经打开，或文件夹中有文件正打开，则必须关闭文件后才能进行文件或文件夹的重命名和删除操作。

第 *3* 章 | 文字处理及高级应用

文字处理是办公自动化的重要组成部分，也是人们在日常工作、学习和生活中经常进行的一项工作，内容包括文字的输入和编辑、图文混排、页面排版等，几乎所有领域都离不开文字处理。用计算机处理文字需要文字处理软件，选择一款优秀的文字处理软件对于日常文字处理工作是一项非常有意义的事情，可大大促进工作效率的提高。

Microsoft Office 是微软公司的一个基于 Windows 操作系统的办公软件套装，是微软公司为了开发数据电子化环境所创造出来的文件制作软件兼环境开发工具，由 Word、Excel、PowerPoint、Access 等组件构成。它经历了 Office 97、Office 2000、Office 2003、Office 2010、Office 2016 等几个成熟的版本，Office 2010 版是最常用的版本之一，而 Microsoft Word 作为 Office 套件的核心组件，则是一款最流行的文字处理软件。

3.1 概　　述

目前国内外用于文字处理的软件有很多，除了微软公司 Microsoft Office 套件的 Word 之外，还有金山公司的 WPS、甲骨文公司的 Open Office 等。本章以 Microsoft Word 2010 为例，介绍文字处理及高级应用。

3.1.1 功能概述

Word 2010 作为一款成熟的文字处理软件，它提供了十分出色的功能，不仅能进行文字处理，还能对图形进行编辑、插入自定义表格等，使得文档图文并茂，表达直观形象。适合制作各种文档，如论文、简历、信函、传真、公文、报刊、书刊等。其增强后的功能可创建专业水准的文档。利用它，可以更加轻松、高效地组织和编写文档。除了最主要的文章编写功能，Word 2010 还能用于制作表格、进行长文档的编辑与管理、大篇幅的文字处理、简单的图片制作等。详细的功能如图 3.1 所示。

由图 3.1 可见，Word 基本功能分布于图的右侧，主要有文档的创建与编辑、文档的美化、表格和图形处理。高级功能主要集中于图的左侧，包括长文档的编辑与管理、文档的修订和共享、邮件合并和文档合并。

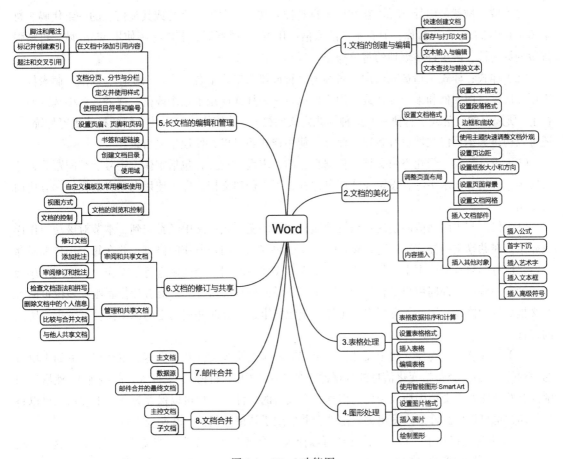

图 3.1　Word 功能图

3.1.2　高级功能

Word 的整体操作趋于简单，绝大部分基础功能用户都可以轻松地理解和掌握。但是 Word 中也"隐藏"着不少相对而言操作更为复杂的高级功能，而这些功能使得文档编辑变得更加轻松高效。其中主要的几个高级功能如下：

（1）文本分栏、分节：分栏就是将文档中的文本分成两栏或多栏，是文本编辑中的一个基本方法，这种形式在报纸或者杂志、论文中很常见，既美观又实用。Word 分节可以实现不同部分进行不同的排版。

（2）自动设置多级编号：当撰写论文或长文档时，涉及章节结构，此时多级编号就必不可少了。

（3）创建目录：目录通常是长文档中不可缺少的部分，它可以帮读者了解文档章节结构，快速检索文档内容。Word 2010 提供了自动目录功能，便于快速制作目录。

（4）索引：索引可以列出一篇文章中重要关键词或主题的所有位置（页码），以便快速检索查询。索引常见于一些书籍和大型文档中。在 Word 2010 中，索引的创建主要通过"引用"选项卡中的"索引"组来完成。

（5）域：域就是引导 Word 在文档中自动插入文字、图形、页码或其他信息的一组代码。每个 Word 域都有唯一的名称，但有不同的取值。用 Word 排版时，若能熟练使用 Word 域，可增强排版的灵活性，减少许多烦琐的重复操作，提高工作效率。

（6）样式：样式是指被冠以同一名称的字符或段落格式集合，它包括字体、段落、制表位、边框和底纹、图文框和编号等格式。用户可以将一种样式应用于某个段落，或者段落中选定的字符上，所选定的段落或字符便具有这种样式定义的格式。使用样式可以使文档的格式更容易统一，还可以构筑大纲，使文档更有条理。此外，使用样式还可以方便地生成目录。

（7）设计模板：新建空白文档，根据自己的需求设定页面，包括字体、字号、行间距等，还有底纹、表格、艺术字等，设定完成即可保存，下次创建文档，即可使用自定义的模板，方便而又实用。

（8）修订与审阅功能的使用：修订功能在文档的交互式审阅中经常用到，本节对该功能作详细介绍。在共享文档提交审阅时，Word 2010 能跟踪每个用户所作的修订，并在每个用户都保存之后将所有的修订记录下来。如果不止一个人对文档中的同一个区域进行了操作，Word 2010 会分辨冲突的修订，询问用户是否接受前面用户所做的修订。修订标记能够让作者跟踪多位审阅者对文档所做的修改，这样作者可以一个接一个地复审这些修改并用约定的原则接受或者拒绝所做的修订。

（9）邮件合并：先建立两个文档，一个 Word 包括所有文件共有内容的主文档（例如未填写的信封等），另一个包括变化信息的数据源（如 Excel 中的收件人、发件人、邮编等），然后使用邮件合并功能在主文档中插入变化的信息，合成后的文件，用户可以保存为 Word 文档，可以将其打印，也可以以邮件形式发出去。邮件合并应用于请柬、信件、获奖证书等。

（10）主控文档和子文档：主控文档可以插入一个已有文档作为主控文档的子文档。这样，就可以用主控文档将以前已经编辑好的文档组织起来，而且还可以随时创建新的子文档，或将已存在的文档当作子文档添加进来。例如，作者交来的书稿是以一章作为一个文件来交稿的，编辑可以为全书创建一个主控文档，然后将各章的文件作为子文档分别插进去。也就是说，可以使用主控文档将长文档分成较小的、更易于管理的子文档，从而便于组织和维护。

（11）拼写和语法检查：Word 2010 具有拼写和语法检查功能，能帮助用户进行文本校对，检查出文档中的拼写和语法错误，并给出修改建议。

3.2 文档的基本操作

使用文字处理软件制作电子文稿时首要掌握的是文档的创建、打开、保存等基本操作，另外，打印输出也是经常要用到的功能。下面分别介绍 Word 2010 环境下这些操作的实现。

3.2.1 Word 2010 文档的创建

Word 文档是对用 Word 软件创建的文书报告、信函通知、论文简历等文稿的统称，用 Word 2010 创建的文档是一个扩展名为.docx 的文件。

使用"文件"选项卡，单击"新建"命令，选择"空白文档"或其他可用模板，再单击右栏"创建"命令，即可新建一个空白文档或含某种模板格式的文档，如图 3.2 所示。

图 3.2　新建 Word 2010 文档

此外，按【Ctrl+N】组合键也能创建一个空白文档。

3.2.2　文档的打开与保存

编辑一个已经存在的 Word 文档需要先打开它，以下几种方式可用于打开文档。

（1）使用"文件"选项卡，单击"打开"命令，可用于打开磁盘上任意位置的 Word 文档。

（2）使用"文件"选项卡，单击"最近所用文件"命令，在"最近使用的文档"列表中单击文件链接可打开近期使用过的文档。Word 2010 中默认显示 25 个最近使用文档名。

（3）双击 Windows 资源管理器中已存在的 Word 文档也可打开此文档。

编辑完的文档需要保存在磁盘上，可用"文件"选项卡的"保存"命令，或单击快速访问工具栏中的"保存"按钮 完成。关闭 Word 软件时，软件本身会对保存做个检查，对于最近更新未保存的文件会提示保存，在弹出的提示框中单击"保存"按钮也能保存 Word 文档。

对于新建文档，首次保存时会弹出"另存为"对话框让用户选择文档在磁盘中的存放位置，此后每有更新，都保存在原位置。若需改变已有文档的存储位置，可用"文件"选项卡的"另存为"命令实现。

因 Word 2010 和 Word 2003 及以前的版本格式存有差异，较低版本的 Word 不能打开 Word 2010 生成的文档，解决此问题需将结果文档存为早期格式。使用"文件"选项卡的"另存为"命令，在"另存为"对话框的"保存类型"中选择"Word 97–2003 文档(*.doc)"可将 Word 2010 中编辑的文档存为早期版本，如图 3.3 所示。

为防止 Word 应用程序出错意外关闭或突然死机引起的结果丢失，Word 2010 具有自动保存文档功能。自动保存的时间间隔设置：单击"文件"→"选项"→"保存"命令，打开"自定义文档保存方式"对话框，在其中进行设定，如图 3.4 所示。

此外，使用"文件"→"信息"命令，可查看本文档的创建时间、作者、字数、页数等信息，其中"保护文档"命令，允许用户对存盘的文档进行加密、权限设置等提升安全性的操作，如图 3.5 所示。

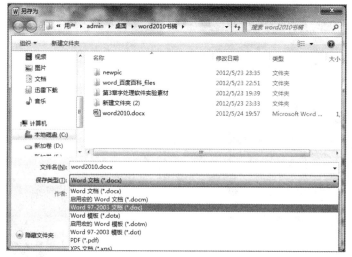

图 3.3　将 2010 版 Word 文档存为早期版本

图 3.4　设定自动保存与恢复功能

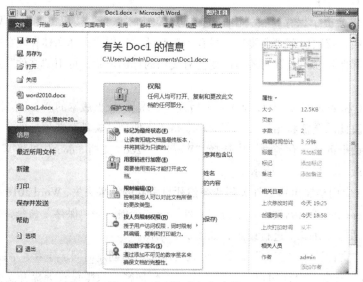

图 3.5　对文档进行安全设置

3.2.3 文本的录入

文本是文字、符号、特殊字符、表格和图形等内容的总称。文本录入是电子文档制作的第一步。每个正在编辑的文档（称为当前文档）上都能看到一个垂直闪烁的光标，此即为文本对象的插入点。对于文字，直接在插入点进行录入即可，对于图像、表格等元素，需结合相应的插入命令来插入。

编辑文档时，有时候需要对内容进行调整，此时剪贴板的剪切（【Ctrl+X】）、复制（【Ctrl+C】）、粘贴（【Ctrl+V】）、删除等操作便能发挥起作用。Word 2010 新增了对复制（剪切）到目标位置的内容是否保留原始格式的选择，如图 3.6 所示。粘贴时单击"开始"选项卡"粘贴"下拉按钮，出现粘贴选项，依次为：保留源格式，表示源文件内容格式在目标内容上继续使用；合并格式，表示目标内容的格式采用当前文档的格式，摒弃原来的格式；只保留文本，表示目标内容只有文本，没有格式。

图 3.6 剪贴板

此外，快速工访问工具栏上的"撤销"按钮（【Ctrl+Z】）和"恢复"按钮（【Ctrl+Y】）也是录入内容时常用的调整工具。

3.2.4 文本的查找与替换

编辑文档时也常会有查找、替换某些内容的需求，Word 2010 的"导航"窗格可以帮助用户轻松完成。勾选"视图"选项卡"显示"组上"导航窗格"命令可打开"导航"窗格。

1. 文本的查找

Word 2010 增加了快速查找功能，在"导航"窗格的"搜索栏"中输入需查找的内容，按【Enter】键，Word 2010 会在文档中用黄色背景将文档中找到的所有内容标识出来，如图 3.7 所示。

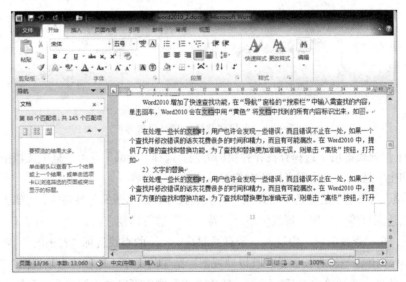

图 3.7 "导航"窗格的查找功能

2. 文本的替换

若需对一次查到的多处文字进行统一替换，可以单击"导航"窗格"搜索栏"右侧的下拉按钮⌐，在弹出菜单中选择"替换"命令，打开"查找和替换"对话框，如图 3.8 所示。在"查找内容"和"替换为"文本框中分别输入需替换的源内容和目标内容，单击"全部替换"按钮，完成选区范围内的所有查到内容的替换。如需选择性地替换，可通过连续单击"替换"按钮逐一进行替换，对于暂时不需要替换的目标内容，可单击"查找下一处"按钮略过。

图 3.8 "查找和替换"对话框

3. 高级用法

为使"查找和替换"更灵活，实现带格式文本或特殊字符的查找或替换，可以使用"高级查找"功能，单击"查找和替换"对话框左下角的"更多"按钮，或单击"导航"窗格"搜索栏"右侧的下拉按钮，在弹出菜单中选择"高级查找"命令，展开"高级"设置，如图 3.9 所示。

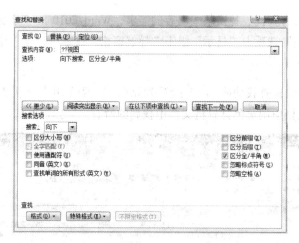

图 3.9 "查找和替换"高级设置界面

"搜索"下拉列表框用于选择查找和替换的方向，选择"全部"表示在整个文档中搜索待查内容；选择"向上"选项，则搜索光标所在位置前面的文字内容。

"搜索选项"选项组中的复选框可以用来设置查找和替换单词的各种格式，比如查询是否区分大小写、使用通配符等。比如，可以使用通配符"？"进行模糊查找，"？"代表任意一个字符。如图 3.9 所示，在"查找内容"中输入了带有通配符"？"的查找目标"？？视图"，则当执行查找命令时，Word 2010 将把所有长度是 4 且以"视图"结尾的文字，比如"大纲视图""页面视图"都查找出来。此外，通过单击对话框下方"特殊格式"按钮可以选用更多的通配符来设置更多的特殊查找，比如任意数字"^#"可用于查找选区中的所有数字，段落符号"^v"可用于查找选区中的所有回车符。

　　若待查找的内容带有格式，则在输入查找内容后需单击对话框右下角的"格式"按钮，指定源格式。

4．非文字对象的查找

　　Word 2010 导航窗格还提供了图形、表格、公式等非文字对象的查找。以查找图形为例，单击"导航"窗格"搜索栏"右侧的下拉按钮，选择"图形"命令，如图 3.10 所示，Word 2010 将自动搜索到全文的图形，并且定位在当前光标开始往后的第一张图，单击"搜索栏"下方的三角按钮▲▼，可以切换查看其他被搜索出的图片。

图 3.10　图形查找

3.2.5　文档打印

　　文档编辑好后常常需要打印输出，Word 2010 的打印功能集中在"文件"选项卡的"打印"命令项中。

　　单击"文件"→"打印"命令，打开打印设置页，如图 3.11 所示。该页右侧可见待打印文本的预览效果，中间是打印功能区。

图 3.11　打印设置

　　"打印机"项用于指定可用打印机。

　　"设置"用于根据用户的打印需求设置打印参数，各功能按钮从上到下依次用于指定打印范围、设置单/双面打印、确定纸张方向、指定纸张规格（常用 A4、A3、16K）、设置页面边距、指定版面页数。

　　设置好打印参数后，指定打印份数，在确保打印机正常连接和启动的情况下，单击"打印"按钮即可将文档打印输出。

3.3　页面和排版

制作专业的文档除使用常规操作外，还需要注重文档的结构以及排版方式。Word 2010 提供了诸多简单的功能，使文档的编辑、排版、阅读和管理更加轻松自如。

3.3.1　文本设置

对文本加上颜色、大小、边框等风格可优化视觉效果，也是电子文档的编辑优势。Word 2010 在"开始"选项卡中集中了"字体""段落""样式"设置工具，可给出丰富的文本效果。

1. 字符格式设置

Word 2010 中对字符格式除了有传统的字体、字号、颜色、底纹、上下标、下画线、加粗等设置，还能进行发光、阴影等效果设置。操作方法为：选中要设置格式的文本，单击"开始"选项卡"字体"选项组中的命令，或单击相应下拉按钮选择需要的操作。

常用工具说明如下：

- 宋体 — 指定文字字体。
- 五号 — 设置文字大小。
- A⁺ A⁻ — 增大/缩小字号。
- Aa⁻ — 大/小写、全/半角切换。
- **B** — 加粗字体。
- *I* — 把字体格式改为斜体。
- U — 文字增加下画线。
- Ⓐ — 给文字增加边框。
- Ⓐ — 给文字增加底纹。
- Ⓐ — 给文字上颜色。
- x₂, x² — 将文字/数字设为上下标。
- Ⓐ — 对文本应用发光、阴影等特效。

若需对字符进行字符间距等更多的设置，单击"字体"选项组右下角的▫按钮，打开"字体"对话框，可做进一步的设置，如图 3.12 所示。

2. 段落格式设置

在 Word 2010 中，段落是独立的信息单位，具有自身的格式特征，如对齐方式、间距和样式。每个段落的结尾处都有段落标记。文档中段落格式的设置取决于文档的用途以及用户所希望的外观。通常，会在同一篇文档中设置不同的段落格式。段落格式的设置命令集中在"开始"选项卡的"段落"选项组中。

常用段落设置说明如下：

1）对齐方式、缩进、间距设置

单击"段落"组右下角的▫按钮，打开"段落"对话框，可进行参数设置。如图 3.13 所示，把当前文本的段落格式设置为：左对齐，"右缩进"1 字符，首行缩进 2 字符，段前间距为 1 行，段后间距为 0 行，行间距为 1.5 倍行距。

<table>
<tr><td>图 3.12　"字体"对话框</td><td>图 3.13　"段落"对话框</td></tr>
</table>

以上设置也可直接通过"开始"选项卡的"段落"命令来实现。其中 ▤▤▤▤▤ 用于设置段落对齐方式，依次为左对齐、居中对齐、右对齐、两端对齐、分散对齐；▤▤ 用于增加和减少段首的文字缩进量；▤▤ 用于设置行距、段间距。

2）项目符号和编号设置

文档编辑过程中有时需要对一些文本加上诸如"1.""1）""（1）""一、""第一，""a）"等编号，一方面使内容要点条理直观，另一方面也是制作文章目录的前提。该设置通过"段落"格式组中项目列表命令 ▤▤▤ 来实现。此组按钮分别用于设置符号列表、编号列表和多级列表。每种列表具有一种默认格式，单击按钮可以在有无列表符号间进行切换。如需使用更多列表格式，单击下拉按钮可更改此类列表的符号/编号风格。图 3.14 是将段落编号设为"1）""2）"格式的过程及结果。

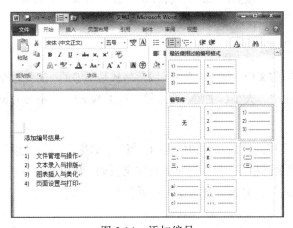

图 3.14　添加编号

除了使用命令添加编号，Word 2010 还具有智能插入编号的功能。当用户首次在段前输入编号字符，本段结束按【Enter】键时会在下一行自动出现累计编号。

3）边框和底纹设置

边框和底纹是常用的文档格式，往往用于突显文本或增加文档美化效果。在段落命令中按钮组用于设置边框和底纹。选中一段文字，单击底纹、边框按钮右侧下拉按钮选择需要的格式，可直接给选定文字添加底纹或边框。也可在下拉菜单中选择"边框和底纹"命令，打开"边框和底纹"对话框，做更详细设置。如图 3.15 所示，给段落设置了背景黄色，图案为斜线的底纹以及红色外框。

对于边框，Word 还专设有"页面边框"，允许对文档中每一页的任意一边或四周添加边框。也可以只为某节中的页面、第一页或除第一页以外的所有各页添加边框。图 3.16 所示为"边框"选项卡，在其中可进行更详细的设置。

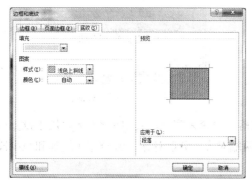

图 3.15　对段落设置边框和底纹　　　　图 3.16　设置页面边框

4）首字下沉

首字下沉包括"下沉"与"悬挂"两种效果。"下沉"的效果是将某段的第一个字符放大并下沉，字符置于页边距内；而"悬挂"是字符下沉后将其置于页边距之外。

选中段落，或选中段落中的第 1 个字或前 2~3 个字（最多可设置 3 个字），单击"插入"选项卡"文本"选项组中的"首字下沉"按钮，从下拉菜单中选择"下沉"或"悬挂"命令。如果在下拉菜单中单击"首字下沉选项"命令，将弹出"首字下沉"对话框，在其中可以进行更多的设置，例如，进一步设置下沉行数等。

3.3.2　页面与版式设置

要制作一篇美观大方的文档，只考虑文字、段落格式是不够的，还要通篇考虑整体排版和布局，如页眉、页脚、页码、边框、大小、主题、背景等。有了 Word，再不必为长文档的排版大费周折。

1. 插入页码

页码一般是插入到文档的页眉和页脚位置的。当然，如果有必要，也可以将其插入到文档中。Word 提供有一组预设的页码格式，另外还可以自定义页码。利用插入页码功能插入的实际是一个域而非单纯数码，因为此部分是可以自动变化和更新的。

1）插入预设页码

（1）在"插入"选项卡上，单击"页眉和页脚"选项组中的"页码"下拉按钮，打开可选位置下拉列表。

（2）指针指向希望页码出现的位置，如"页边距"，右侧出现预置页码格式列表，如图 3.17 所示。

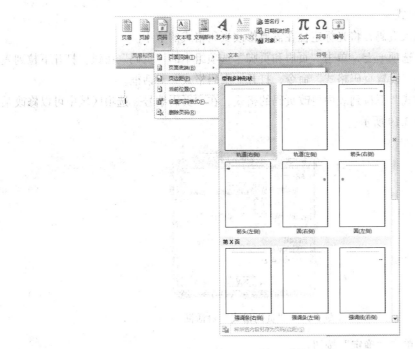

图 3.17　插入页码

（3）从中选择某一页码格式，页码即可以指定格式插入到指定位置。

例如，如图 3.18 所示，将插入点定位到页脚区，然后从下拉列表中选择"当前位置"中的"普通数字"，插入普通页码，可见页码被插入到插入点所在位置。页码也像一个被输入到页眉/页脚区的普通文字一样，可被设置格式，如字体格式、段落对齐格式等。

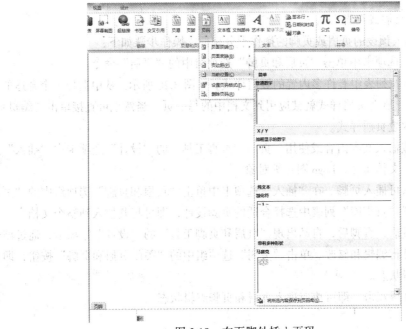

图 3.18　在页脚处插入页码

2）自定义页码格式

（1）在文档中插入页码，将光标定位在需要修改页码格式的节中。

（2）在"插入"选项卡上，单击"页眉和页脚"选项组中的"页码"按钮，打开下拉列表。

（3）单击其中的"设置页码格式"命令，打开"页码格式"对话框。

（4）在"编码格式"下拉列表中更改页码的格式，在"页码编号"选项区域中可以修改某一节的起始页码，如图 3.19 所示。

图 3.19   "页码格式"对话框

（5）设置完毕，单击"确定"按钮。

2．插入页眉和页脚

页眉和页脚常用来插入单位名称、文档章节名称、作者、页码等文档附加信息。其中，页眉在页面的顶部，页脚在页面的底部。使用 Word 制作页眉和页脚，不必为每一页都逐个输入页眉和页脚内容；只要在任意一页上输入一次，Word 就会自动在本节内的所有页中添加相同的页眉和页脚内容。

1）插入预设的页眉或页脚

Word 2010 中插入预设的页眉或页脚的操作十分相似，操作步骤如下：

（1）在"插入"选项卡中单击"页眉和页脚"选项组中的"页眉"命令。

（2）在打开的下拉列表中有许多内置的页眉样式，如图 3.20 所示。从中选择一个合适的页眉样式，例如"空白"，所选页眉样式就被应用到文档中的每一页。当然也可直接单击"编辑页眉"命令，不选择应用内置页眉样式。

（3）在页眉区域输入文本内容或使用"页眉和页脚工具"的"设计"选项卡中"插入"选项组的命令插入日期、文档属性、Logo 图片等对象。

使用同样的方法可插入页脚。在"插入"选项卡中单击"页眉和页脚"选项组中的"页脚"命令，在打开的内置"页脚库"列表中选择合适的页脚设计，即可将其插入到整个文档中。

在文档中插入页眉或页脚后，自动出现"页眉和页脚工具"的"设计"选项卡，通过该选项卡可对页眉或页脚进行编辑和修改。单击"关闭"选项组中的"关闭页眉和页脚"按钮，即可退出页眉和页脚的编辑状态。

在页眉或页脚区域双击，即可快速进入页眉和页脚编辑状态。

图 3.20　插入预设的页眉

2）为不同节创建不同的页眉和页脚

当文档分为若干节时，可以为文档的各节创建不同的页眉或页脚，例如可以在一个长篇文档的"目录"与"内容"两部分应用不同的页脚样式。为不同节创建不同的页眉或页脚的操作步骤如下：

（1）将文档分节，然后将光标定位在某一节中的某一页上。

（2）在该页的页眉或页脚区域双击，进入页眉和页脚编辑状态。

（3）插入页眉或页脚内容并进行相应的格式化。

（4）在"页眉和页脚工具"的"设计"选项卡中，单击"导航"选项组中的"上一节"或"下一节"按钮进入其他节的页眉或页脚中。

（5）默认情况下，下一节自动接收上一节的页眉页脚信息。在"导航"选项组中单击"链接到前一条页眉"按钮，如图 3.21 所示，可以断开当前节与前一节中的页眉（或页脚）之间的链接，页眉和页脚区域将不再显示"与上一节相同"的提示信息，此时修改本节页眉和页脚信息不会再影响前一节的内容。

图 3.21　单击"链接到前一条页眉"按钮

（6）编辑修改新节的页眉或页脚信息，在文档正文区域中双击即可退出页眉和页脚编辑状态。

3）为奇偶页或首页创建不同的页眉和页脚

有时一个文档中的奇偶页上需要使用不同的页眉或页脚。例如，在制作书籍资料时可选择在奇数页上显示章节标题，在偶数页上显示书籍名称。

令奇偶页具有不同的页眉或页脚的操作步骤如下：

（1）双击文档中的页眉或页脚区域，功能区中自动出现"页眉和页脚工具"的"设计"选项卡。

（2）在"选项"选项组中选中"奇偶页不同"复选框。

（3）分别在奇数页和偶数页的页眉或页脚上输入内容并格式化，以创建不同的页眉或页脚。

如果希望将文档首页的页眉或页脚设置得与众不同，可以按照如下方法操作：

（1）双击文档中的页眉或页脚区域，功能区自动出现"页眉和页脚工具"的"设计"选项卡，如图 3.22 所示。

图 3.22 "页眉和页脚工具"的"设计"选项卡

（2）在"选项"选项组中选中"首页不同"复选框，此时文档首页中原先定义的页眉和页脚就被删除了，可以根据需要另行设置首页的页眉或页脚。

3．页面设置

页面设置功能用于设置打印页面的页边距、纸张方向、纸型以及分栏等页面效果。

在"页面布局"选项卡中可见"页面设置"选项组。单击相关命令出现下拉列表，可通过直接选择预设方案或使用下拉列表最后一项命令打开参数设置框自行定义想要的效果。

以"页边距"设置为例，需设置页面的上、下、左、右边距均为 3 厘米，操作如下：

（1）在"页面布局"选项卡的"页面设置"组中单击"页边距"命令。

（2）在下拉列表中，单击"自定义边距"命令，出现"页面设置"对话框。

（3）在"页边距"选项区域中将"上""下""左""右"的值均设置为 3 厘米，如图 3.23 所示。

图 3.23 设置页边距

4．主题和背景设置

为丰富页面效果，Word 2010 提供了一系列的主题，它是从配色、字体、效果等方面给出的页面格式整体设计方案。用户只需单击"页面布局"选项卡的"主题"选项组中的"主题"按钮，即可打开主题库，给当前文档选用适合的主题。

"页面背景"是美化页面的另一工具，在"页面布局"选项卡的"页面背景"选项组中可见"页面颜色""页面边框""水印"三个命令，各命令说明如下：

"页面颜色"命令用于给页面添加背景，此背景可以是纯色，也可以是过渡色、图案、图片或纹理。单击"页面颜色"命令，选择一种颜色便给页面添加了纯色背景。若执行"页面颜色"命令时选用了"填充效果"，则打开"填充效果"对话框，可以给页面添加更有趣的背景。如图 3.24所示，左图为给页面添加名为"茵茵绿原"的过渡色背景，右图为给页面添加名为"水滴"的纹理背景。

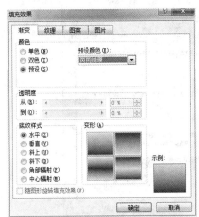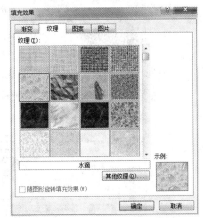

图 3.24　给页面背景添加填充效果

"页面边框"命令用于给文档的页面添加边框。

"水印"是衬于文本底部具有一定透明效果的文字或图形，作用于文档的每个页面，是保护文档版权的一种重要技术手段，可通过单击"水印"命令为文档添加水印效果。

3.3.3　文档的浏览与控制

Word 2010 将文档的显示方式集中在"视图"选项卡中，可以在此更改视图方式和显示比例、设置标尺及网格线、设定多文档时的窗口排列方式等。另外，Word 2010 新增的"导航"窗格不仅可以帮助用户浏览文档结构，实现内容按标题或按页面的快速跳转、编辑，其搜索框还整合了图、文查找和替换功能。熟练掌握文档不同显示格式的应用，能够在编写和编排文档时提高工作质量，也可提高阅读效率。下面就文档视图和显示控制作详细介绍。

屏幕上文档窗口的显示方式称为视图。Word 2010 提供了页面视图、阅读版式视图、Web 版式视图、大纲视图和草稿 5 种视图方式。在不同的视图下可以进行不同的操作，以方便用户输入文本和排版。

1．切换视图模式

切换视图模式的方法是单击"视图"选项卡"文档视图"选项组中的视图按钮，如图 3.25 所示。或使用状态栏右侧的视图选择按钮。

图 3.25　文档视图按钮组

1）页面视图

"页面视图"是最接近打印效果的文档显示方式，如图 3.26 所示。在页面视图下，可以看到文档的外观、图形对象、页眉和页脚、背景、多栏排版等在页面上的效果。因此对文本、格式、版面和外观等的修改操作适合在页面视图中完成。

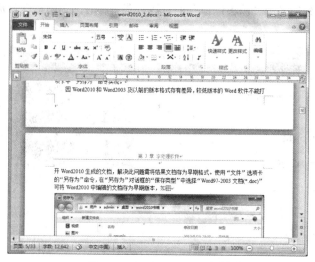

图 3.26　页面视图显示效果

2）阅读版式视图

"阅读版式视图"以书面翻展的样式显示 Word 2010 文档，快速访问工具栏、功能区等窗口元素被隐藏起来。在阅读版式视图中，用户还可以单击"工具"按钮选择各种阅读工具，如图 3.27 所示。

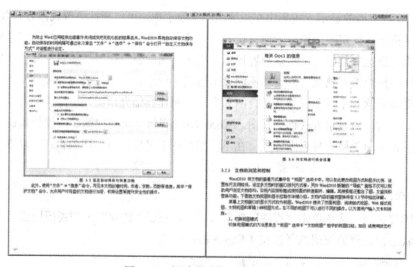

图 3.27　阅读版式视图显示效果

3）Web 版式视图

Web 版式视图主要用于编辑 Web 页。如果选择显示 Web 版式视图，编辑窗口将显示文档的 Web 布局效果，此时显示的画面与使用浏览器打开文档的画面一样。用户可以看到背景和为适应窗口大小而换行显示的文本，并且图形位置与在 Web 浏览器中的位置一致。在 Web 版式视图下，用户可以对文档的背景颜色进行设置，还可以浏览和制作网页等。

4）大纲视图

大纲视图主要用于显示、修改和创建文档的大纲。大纲视图将所有的标题分级显示出来，层次分明，利于长文档的快速浏览和设置。大纲视图中不显示页边距、图形对象、页眉和页脚、背景等。进入大纲视图后，功能区中出现"大纲"选项卡，其中的"大纲工具"可对文档内容按标题进行升降级、调整前后位置、折叠隐藏等。大纲视图显示效果及大纲工具如图 3.28 所示。

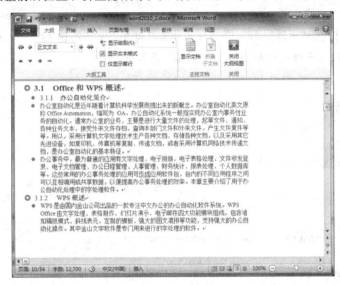

图 3.28　大纲视图显示效果及大纲工具

5）草稿

"草稿"即 Word 软件早期版本中的"普通视图"，它取消了页面边距、分栏、页眉和页脚及图片等元素，仅显示标题、正文及字体、字号、字形、段落缩进以及行间距等最基本的文本格式，是最节省计算机系统硬件资源的视图方式。因此，草稿视图适合输入和编辑文字，或者只需要设置简单的文档格式使用。当需要进行准确的版面调整或者进行图形操作时，最好切换到页面视图方式下进行。

2. 文档的浏览控制

除了文档视图，还可以通过更改显示比例、显示或隐藏网格线、重排窗口等方式按需定制屏幕显示效果。

1）改变视图的比例

用户可以根据需要随意改变工作区的显示比例。最方便的方法是拖动状态栏右侧的缩放控件滑块 100% ⊖━━━━━⊕，应用程序会根据要求自动缩放内容大小，但该操作不影响实际文件内容比例。若需精确指定显示比例，可单击"视图"选项卡上的"显示比例"按钮，在弹出的"显示比例"对话框中进行设置，如图 3.29 所示。

2）显示或隐藏网格线

网格线是一组用于对齐文字、图像等元素的平行线。在"视图"选项卡的"显示"选项组中选中"网格线"复选框可以显示网格线，反之隐藏。

3）重排窗口

Word 是一种支持多文档编辑的文字处理软件，故用户可在 Word 应用程序中打开多个文档进行编辑和浏览。

默认情况下，多个 Word 文档以"新建窗口"模式排列，可通过单击 Windows 任务栏中的 Word 图标，在多文档中选择当前文档。也可在 Word 2010 的"视图"选项卡中单击"切换窗口"按钮进行文档切换。

若需将多个文档在显示器屏幕上同时显示出来，可在"视图"选项卡的"窗口"选项组中单击"全部重排"按钮或"并排查看"按钮实现。

图 3.29　"显示比例"对话框

3.3.4　分隔设置

1．分行和分段

在输入文字时，要注意分行与分段操作，如图 3.30 所示。

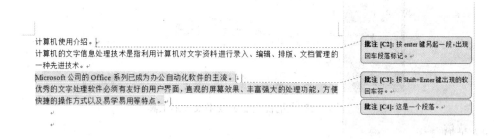

图 3.30　分行与分段

（1）当文字长度超过一行时，Word 会自动按照页面宽度换行，不要按【Enter】键。

（2）当要另起一个新段落时才按【Enter】键，这时文档中出现 ↵ 标记，称硬回车，又称段落标记。如果删除 ↵ 标记（插入点在此标记前按【Delete】键），本段将与下段合并为一段。

（3）如果希望另起一行，但新行仍与上行属同一段，应按【Shift+Enter】组合键，这时文档中出现 ↓ 标记，称软回车，又称手动换行符。

↵ 和 ↓ 只在编辑文档时作为控制字符使用，在打印文档时它们都不会被打印出来。

2．分页和分节

文档的不同部分通常会另起一页开始，通常人们习惯用加入多个空行的方法使新的部分另起一页，这种做法会导致修改文档时重复排版，从而增加了工作量，降低了工作效率。借助 Word 的分页或分节操作。可以有效划分文档内容的布局，而且使文档排版工作简洁高效。

1）手动分页

一般情况下，Word 文档都是自动分页的，文档内容到页尾时会自动排布到下一页。按【Enter】键可输入段落标记 ↵，按【Ctrl+Enter】组合键则可输入分页符开始新页。插入符还可以通过功能区进行，操作步骤如下：

（1）将光标置于需要分页的位置。

（2）在"页面布局"选项卡的"页面设置"选项组中，单击"分隔符"按钮，打开分隔符下拉列表。

（3）单击"分页符"命令集中的"分页符"按钮，即可将光标后的内容布局到一个新页面中，分页符前后页面设置的属性及参数均保持一致。

2）文档分节

在文档中插入分节符，不仅可以将文档内容划分为不同页面，而且还可以分别针对不同的节进行页面设置。插入分节符的操作步骤如下：

（1）将光标置于需要分节的位置。

（2）在"页面布局"选项卡的"页面设置"选项组中，单击"分隔符"按钮，打开分隔符下拉列表。分节符的类型共有 4 种：

- 下一页：该分节符也会同时强制分页，在下一页开始新的节。一般图书在每一章的结尾都会有一个这样的分节符，使下一章从新页开始，并开始新的一节，以便使后续内容和上一章具有不同的页面外观。
- 连续：该分节符仅分节，不分页。当需要上一段落和下一段落具有不同的版式时，例如，上一段落不分栏，下一段落分栏，可在两段之间插入"连续"分节符。这样两段的分栏情况不同，但它们仍可位于同一页。
- 偶数页：该分节符也会同时强制分页，与"下一页"分节符不同的是：该分节符总是在下一偶数页上开始新节。如果下一页刚好是奇数页，该分节符会自动再插入一张空白页，然后在下一偶数页上起始新节。
- 奇数页：该分节符也会同时强制分页，与"下一页"分节符不同的是：该分节符总是在下一奇数页上开始新节。如果下一页刚好是偶数页，该分节符会自动再插入一张空白页，然后在下一奇数页上起始新节 。

（3）单击选择其中的一类分节符后，在当前光标位置处插入一个分节符。

3．分栏

有时候会觉得文档一行中的文字太长，不便于阅读，此时就可以利用分栏功能将文本分为多栏排列，使版面的呈现更加生动。在文档中为内容创建多栏的操作步骤如下：

（1）在文档中选择需要分栏的文本内容。如果不选择，将对整个文档进行分栏设置。

（2）在"页面布局"选项卡的"页面设置"选项组中，单击"分栏"按钮。

（3）从弹出的下拉列表中，选择一种预定义的分栏方式，以迅速实现分栏排版，如图 3.31 所示。

（4）如需对分栏进行更为具体的设置，可以在弹出的下拉列表中选择"更多分栏"命令，打开"分栏"对话框（见图 3.32），进行以下设置：

- 在"栏数"微调框中设置所需的分栏数值。
- 在"宽度和间距"选项区域中设置栏宽和栏间的距离。只需在相应的"宽度"和"间距"微调框中输入数值即可改变栏宽和栏间距。
- 如果选中了"栏宽相等"复选框，则在"宽度和间距"选项区域中自动计算栏宽，使各栏宽度相等。如果选中了"分隔线"复选框，则在栏间插入分隔线，使得分栏界限更加清晰、明了。

- 若在分栏前未选中文本内容，则可在"应用于"下拉列表框中设置分栏效果作用的范围。

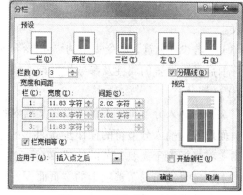

图 3.31　分栏　　　　　　　　　　　　　图 3.32　"分栏"对话框

（5）设置完毕，单击"确定"按钮即可完成分栏排版。

如果需要取消分栏布局，只需在"分栏"下拉列表中选择"一栏"选项即可。

3.3.5　图表处理

1．表格处理

表格是文档信息的又一种呈现形式，Word 2010 中可以通过插入表格命令添加表格并对其外观作一些设置。表格中横竖线交叉围成的小区域称为单元格，是表格设置中经常要涉及的对象。Word 中的表格还具有简单的数据排序和计算功能。

1）插入表格

Word 2010 中插入表格的功能在"插入"选项卡的"表格"选项组中，有 3 种方式可以用于创建表格：

（1）单击"表格"按钮，在下拉列表中直接用鼠标拖选单元格，快速创建表格，如图 3.33 所示。

（2）单击"表格"按钮，选择"插入表格"命令，在弹出的"插入表格"对话框中通过参数设置创建表格。如图 3.34 所示，创建了一个 2 行 3 列且固定列宽的表格。

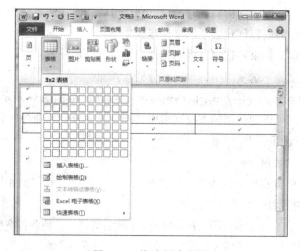

图 3.33　拖选创建表格　　　　　　　　图 3.34　对话框方式创建表格

（3）单击"表格"按钮，选择"绘制表格"命令，直接在页面上手绘表格。

2）表格布局

首次插入的表格在后续编辑过程中可能会出现预设行列与实际需求不符，或因表内数据的插入引起表格的变形，或有些单元格需要改变区域范围，这些问题可以通过增删行列，合并、拆分单元格，调整行高、列宽来实现。

具体操作如下：选中需编辑的表格区域（行、列、单元格等），Word 2010 功能区出现"表格工具"，单击"布局"选项卡，根据需求执行相应的命令即可。

其中"表"选项组用于表格及其局部的选择以及表格属性的详细设置，如表在文档中的对齐方式、文字环绕方式等；"行和列"选项组用于行列的增删；"合并"选项组用于单元格的拆分和合并；"单元格大小"选项组通过改变行高、列宽的值调整单元格的大小；"对齐方式"选项组用于设置表内容和表之间的布局关系。下面举 2 个简单的例子说明以上命令的使用方法。

（1）删除表格中某一行：先选中该行，然后在"表格工具"的"布局"选项卡中执行"删除"→"删除行"操作。

（2）设置表格使单元格的宽度正好容纳内部文本：选中整张表格，执行"自动调整"→"根据内容自动调整表格"命令。

3）设置表格的格式

插入的表格可以通过格式设置作进一步的修饰。"表格工具"的"设计"选项卡中预设了若干不同风格的表格样式，选中表格的情况下，单击其中一种样式，可以迅速改变表格外观，单击"表格样式"选项组右侧的 ▾ 按钮可见更多候选样式，为表格套用了一种"浅色列表"的样式，如图 3.35 所示。

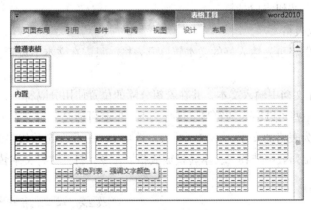

图 3.35 设置表格自动套用样式

结合"表格样式选项"选项组中的选项及"表格样式"选项组中的"修改表格样式"命令可对已套用样式做出更多的个性化修改。若对软件内置样式不满意，也可通过设置表格的边框和底纹设计自己想要的表格外观。

4）对表格数据进行计算

Word 表格可以对其数据进行一些简单的排序、运算。该功能位于"表格工具"的"布局"选项卡的"数据"选项组中。以表 3.1 数据排序计算原始数据表为例，各类操作介绍如下：

对表格数据进行排序，要求对表 3.1 按照计算机成绩由高到低进行排序，操作如下：

（1）选中表格除"平均分"以外的行。

（2）在"表格工具"的"布局"选项卡中，单击"数据"选项组中的"排序"按钮。

（3）在弹出的"排序"对话框中进行设置（见图3.36）。

（4）单击"确定"按钮完成排序。

表 3.1　数据排序计算原始数据表

姓　　名	计算机成绩
周仁	98
李会	66
赵晓初	70
平均分	

图 3.36　"排序"对话框

对表格数据进行计算，要求计算表3.1中3人成绩的平均分，操作如下：

（1）单击要放置计算结果的单元格。

（2）在"表格工具"的"布局"选项卡中，单击"数据"选项组中的"公式"按钮。

（3）如果Word 2010提示的公式非用户所需，请将其从"公式"框中删除（等号保留）。

（4）在"粘贴函数"下拉列表框中选择所需的公式。本例为"AVERAGE"。

（5）在公式的括号中输入单元格引用。如果需要计算单元格B2、B3、B4中数值的平均值，修改公式为：= AVERAGE (b2:b4)，如图3.37所示。

（6）单击"确定"按钮完成计算。

5）将文本转换成表格

在Word中，可以将事先输入好的文本转换成表格，只需在文本中设置分隔符即可。其操作步骤如下：

（1）首先在Word文档中输入文本，并在希望分隔的位置使用分隔符，分隔符可以是制表符、空格、逗号以及其他一些可以输入的符号。每行文本（也有可能是一段文本）对应一行表格内容。

（2）选择要转换为表格的文本，单击"插入"选项卡"表格"选项组中的"表格"按钮。

（3）在弹出的下拉列表中选择"文本转换成表格"命令，打开"将文字转换成表格"对话框，如图3.38所示。

图 3.37　表格计算示例

图 3.38　"将文字转换成表格"对话框

（4）在"文字分隔位置"选项区域中单击文本中使用的分隔符，或者在"其他字符"右侧的文本框中输入所用字符。通常，Word 会根据所选文本中使用的分隔符默认选中相应的单选按钮，同时自动识别出表格的行列数。

（5）确认无误后，单击"确定"按钮，原先文档中的文本就被转换成了表格。

此外，还可以将某表格置于其他表格内，包含在其他表格内的表格称为嵌套表格。通过在单元格内单击，然后使用任何创建表格的方法就可以插入嵌套表格。当然，将现有表格复制和粘贴到其他表格中也是一种插入嵌套表格的方法。

2．艺术对象的插入、绘制与编辑

Word 2010 提供了强大的图形图像处理功能，允许在文档中插入并编辑图片、剪贴画、形状、SmartArt 图形、图表、艺术字等艺术对象。在"插入"选项卡的"插图"选项组中和"文本"选项组中可以找到这些对象的插入命令。下面给出各对象插入的操作要点。

1）插入外部图片

（1）将光标定位到准备插入图片的位置。

（2）单击"插入"选项卡"插图"选项组中的"图片"按钮。

（3）在"插入图片"对话框中指定外部图片所在位置，确定插入。

（4）单击插入的图片，功能区出现"图片工具"，单击"格式"选项卡，可用其中命令实现诸如色彩调整、艺术效果添加、图片裁剪、大小布局修改等图片编辑操作。

2）插入剪贴画

（1）将光标定位到准备插入剪贴画的位置。

（2）单击"插入"选项卡"插图"选项组中的"剪贴画"按钮。

（3）在出现的"剪贴画"导航窗格的"结果类型"列表框中只勾选"插图"复选框。

（4）单击"搜索"按钮获得 Office 库中的剪贴画列表。

（5）单击需要的图片完成插入。

若需有针对性地搜索图片，可在"剪贴画"导航窗格的"搜索文字"文本框中输入体现图片特征的关键字，如"植物"，再单击"搜索"按钮，会搜索出所有与"植物"相关的图片。

3）绘制形状

（1）单击"插入"选项卡"插图"选项组中的"形状"按钮。

（2）在出现的候选形状列表中单击需要的形状。

（3）通过在文档上拖动鼠标绘制形状。

（4）选中插入的形状，功能区出现"绘图工具"，单击"格式"选项卡，可用其中命令实现添加新形状，改变现有形状大小、位置、样式等操作。

4）插入 SmartArt 图形

SmartArt 图形是一种基于图形结构的信息和观点的视觉表示形式，相较于自己绘制的形状，它可以理解为一种面向行业应用的已定义好的结构流程图。可通过以下方式插入 SmartArt 图形。

（1）将光标定位到准备插入 SmartArt 的位置。

（2）单击"插入"选项卡"插图"选项组中的"SmartArt"按钮。

（3）在"选择 SmartArt 图形"对话框中，单击所需的类型和布局，如图 3.39 所示。

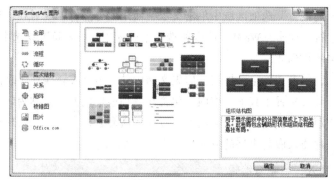

图 3.39 "选择 SmartArt 图形"对话框

（4）在插入的 SmartArt 图形的文本框中输入文字信息，如图 3.40 所示。

（5）单击 SmartArt 图形，Word 2010 功能区出现 "SmartArt 工具"。此工具下 "设计"选项卡集中了从整体视角出发对 SmartArt 进行编辑的命令，如结点创建、布局、配色方案选择，预定义样式选择等；"格式"选项卡集中了 SmartArt 大小位置及局部结点编辑的格式工具，若对局部结点进行格式设置需先选中这些结点，然后再执行相应的格式命令。图 3.41 所示为一个编辑好的 SmartArt 图形。

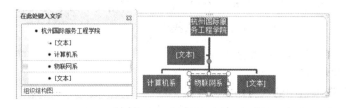

图 3.40 在 SmartArt 中输入文本信息   图 3.41 SmartArt 实例

5）插入图表

（1）将光标定位到准备插入图表的位置。

（2）单击 "插入"选项卡 "插图"选项组中的 "图表"按钮。

（3）在 "插入图表"对话框中，单击所需的图表类型。

（4）在出现的 Excel 表中输入相关数据。

（5）关闭 Excel，完成图表的插入。

（6）单击图表，Word 2010 功能区出现 "图表工具"，其下 "设计"选项卡中的命令用于修改图表类型、图表数据、布局及样式；"布局"选项卡中的命令用于增加、删除和修改图表标题、图例、坐标轴、网格线等；"格式"选项卡用于编辑当前选中图表元素的外观。图 3.42 所示为一编辑好的图表实例。

6）屏幕截图

屏幕截图是 Word 2010 新增功能，方便编辑 Word 文档时获取屏幕图像。使用方法如下：

（1）将光标定位到准备插入图像的位置。

（2）单击 "插入"选项卡 "插图"选项组中的 "屏幕截图"按钮。

（3）"可用视窗"中列出了当前打开的应用程序窗口缩略图，单击插入选中视窗，为全窗口截图。

（4）单击"屏幕截图"下拉列表中的"屏幕剪辑"命令，当指针变成十字形状时，按住鼠标左键拖选欲截屏幕区域，插入截图。

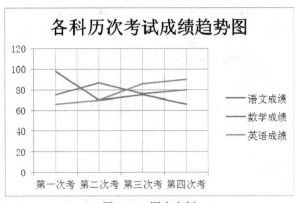

图 3.42　图表实例

7）插入艺术字

（1）将光标定位到准备插入艺术字的位置。

（2）单击"插入"选项卡"文本"选项组中的"艺术字"按钮。

（3）单击任一艺术字样式，然后在插入的艺术字对象中输入内容。

（4）单击插入的艺术字，工作区出现"绘图工具"，用于艺术字外观的进一步设置。

（5）若需改变艺术字的字体、字号，需选中艺术字中的文本，然后切换到"开始"选项卡，用"字体"选项组中的相关命令实现。

3. 图文混排

当文档中既有文字又有图片的时候，图片和周围文字之间的位置关系是文档排版时常要考虑的问题。Word 2010 中为图片对象提供了一个"位置"命令用于图文混排。

Word 2010 中，插入的图片相对于文字的位置默认为嵌入式，即图片所在行被图片独占，文字不能在其四周环绕，同时图片也不能随意移动。若要使文字能环绕在图片周围，则需使用"文字环绕"的布局方式。操作步骤如下：

（1）选中图片。

（2）在"图片工具"的"格式"选项卡中，单击"排列"选项组中的"位置"按钮。

（3）在"文字环绕"区域选择一种环绕方式，如图 3.43 所示。

图 3.43　基于页面的文字环绕

（4）步骤（3）中图片位置是相对于文档当前页面的，若需实现除此以外的"文字环绕"效果，可通过直接拖动图片到指定位置或使用"位置"下拉列表中的"其他布局选项"命令，在"布局"对话框（见图 3.44）的"文字环绕"选项卡中通过设置参数来实现。

如图 3.45 所示，显示了四种不同图文混排的"文字环绕"实际效果。其中，第一种，四周型；第二种，紧密型；第三种，浮于文字上方型；第四种，衬于文字下方型。

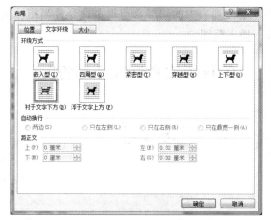

图 3.44　"布局"对话框

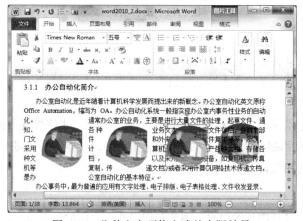

图 3.45　几种文字环绕方式的实际效果

3.4　目录和索引

报告、图书、论文中一般总少不了目录和索引部分。目录和索引分别定位了文档中标题、关键词所在的页码，便于阅读和查找。而在目录和索引的生成过程中，书签起到了很好的定位作用。

3.4.1　多级列表

1. 应用多级编号列表

为了使文档内容更具层次感和条理性，经常需要使用多级编号列表。例如，一篇包含多个章节的书稿，可能需要通过应用多级编号来标示各个章节。多级编号与文档的大纲级别、内置标题样式相结合时，将会快速生成分级别的章节编号。应用多级编号编排长文档的最大优势在于，调整章节顺序、级别时，编号能够自动更新。为文本应用多级编号的操作方法如下：

（1）在文档中选择要向其添加多级编号的文本段落。

（2）单击"开始"选项卡"段落"选项组中的"多级列表"按钮。

（3）从弹出的"列表库"下拉列表中选择一类多级编号应用于当前文本，如图 3.46 所示。

（4）如需改变某一级编号的级别，可以将光标定位在文本段落之前，按【Tab】键，也可以在该文本段落中右击，在弹出的快捷菜单中选择"减少缩进量"或"增加缩进量"命令实现，如图 3.47 所示。

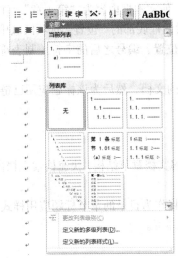

图 3.46　多级"列表库"下拉列表　　　　　　　图 3.47　右键快捷菜单

（5）如需自定义多级编号列表，应在"列表库"下拉列表中选择执行"定义新的多级列表"命令，在随后打开的"定义新多级列表"对话框中进行设置。

2．设置多级列表

多级编号与内置标题样式进行链接之后，应用标题样式即可同时应用多级列表，具体操作方法如下：

（1）单击"开始"选项卡"段落"选项组中的"多级列表"按钮。

（2）从弹出的下拉列表中选择"定义新的多级列表"命令，打开"定义多级列表"对话框。

（3）单击对话框左下角的"更多"按钮，展开该对话框。

（4）从左上方的级别列表中单击指定列表级别，在右侧的"将级别链接到样式"下拉列表中选择对应的内置标题样式。例如，级别 1 对应"标题 1"，如图 3.48 所示。

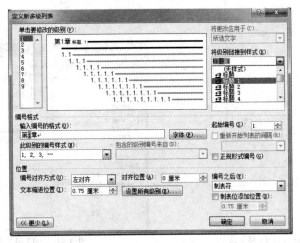

图 3.48　"定义新多级列表"对话框

（5）在下方的"编号格式"选项区域中可以修改编号的格式与样式、指定起始编号等。设置编号格式，默认格式为"1，2，3…"，如希望为"第1章、第2章…"，可在"输入编号的格式"文本框的带阴影的1的左侧、右侧分别输入"第"和"章"，使文本框内容为"第1章"。注意其中1必须为原来文本框中带阴影的1，不得自行输入1。在对话框底部的"位置"选项区域中，还可以分别控制每一级编号的对齐方式、对齐位置、文本缩进位置、编号之后的字符（制表符、空格或不特别标注）等。设置完毕后单击"确定"按钮。

（6）在文档中输入标题文本或者打开已输入了标题文本的文档，然后为该标题应用已链接了多级编号的内置标题样式。

3.4.2 目录

目录通常是长文档中不可缺少的部分，它可以帮读者了解文档章节结构，快速检索文档内容。Word 2010 提供了自动目录的功能，便于快速制作目录。

由于目录是基于样式创建的，故在自动生成目录前需要将作为目录的章节标题应用样式（如"标题1""标题2"），一般情况下应用 Word 内置的标题样式即可。

文档目录制作如下：

1．标记目录项

将正文中用作目录的标题应用标题样式。同一层级的标题应用同一种样式。

2．创建目录

（1）将光标定位在需插入目录处，一般为正文开始前。

（2）单击"引用"选项卡"目录"选项组中的"目录"按钮。

（3）从下拉列表中选择一种自动目录样式即可快速生产目录，如图 3.49 所示。

（4）或者在下拉列表中，选择"插入目录"命令，弹出"目录"对话框，如图 3.50 所示。在该对话框中可以设置页码格式、目录格式以及目录中的标题显示级别，默认显示 3 级标题。

图 3.49　快速生成目录

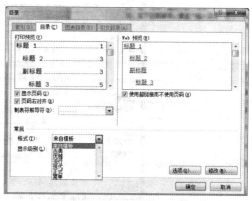

图 3.50　"目录"对话框

（5）在对话框的"目录"选项卡中单击"选项"按钮，打开"目录选项"对话框，如图 3.51 所示，在"有效样式"选项区域中列出了文档中使用的样式，包括内置样式和自定义样式。在样式名称旁边的"目录级别"文本框中输入目录的级别，以指定样式所代表的目录级别。如果希望仅使用自定义样式，则可删除内置样式的目录级别数字，例如，删除"标题 1""标题 2""标题 3"样式名称旁边代表目录级别的数字。

（6）当有效样式和目录级别设置完成后，单击"确定"按钮，关闭"目录选项"对话框。

3. 更新目录

目录也是以域的方式插入到文档中的。如果在创建目录后，又添加、删除或更改了文档中的标题或者其他目录项，可以按照如下步骤更新文档目录：

（1）单击"引用"选项卡"目录"选项组中的"更新目录"按钮，或者在目录区域右击，在弹出的快捷菜单中选择"更新域"命令，打开"更新目录"对话框，如图 3.52 所示。

图 3.51　"目录选项"对话框　　　　图 3.52　"更新目录"对话框

（2）在该对话框中选中"只更新页码"单选按钮或者"更新整个目录"单选按钮，然后单击"确定"按钮，即可按照指定要求更新目录。

3.4.3　图目录

创建图目录的方法与目录相似，帮助读者快速检索文档中图的位置。具体操作如下：

（1）将光标定位在需插入图目录处，一般为正文开始前。

（2）单击"引用"选项卡"题注"选项组中的"插入表目录"按钮，打开"图表目录"对话框，如图 3.53 所示。

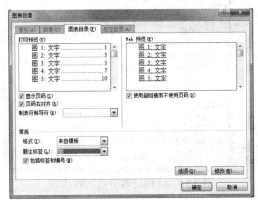

图 3.53　"图表目录"对话框

（3）在"题注标签"中选择"图"，根据具体要求可选择勾选"包括标签和编号""显示页码""页码右对齐"复选框。

（4）单击"确定"按钮，生成图目录。

3.4.4　表目录

创建表目录的方法与图目录相似，帮助读者快速检索文档中表的位置。具体操作如下：

（1）将光标定位在需插入表目录处，一般为正文开始前。

（2）单击"引用"选项卡"题注"选项组中的"插入表目录"按钮，打开"图表目录"对话框。

（3）在"题注标签"中选择"表"，根据具体要求可选择勾选"包括标签和编号""显示页码""页码右对齐"复选框。

（4）单击"确定"按钮，生成表目录。

3.4.5　制作索引

索引用于列出一篇文档中讨论的术语和主题以及它们出现的页码。要创建索引，可以通过提供文档中主索引项的名称和交叉引用来标记索引项，然后产生索引。

可以为某个单词、短语或符号创建索引项，也可以为包含延续数页的主题创建索引项。除此之外，还可以创建引用其他索引项的索引。

1．标记索引项

在文档中加入索引之前，应当先标记出组成文档索引的诸如单词、短语和符号之类的全部索引项。索引项是用于标记索引中的特定文字的域代码。当选择文本并将其标记为索引项时，Word将会添加一个特殊的 XE（索引项）域，该域包括标记好了的主索引项以及选择的任何交叉引用信息。

标记索引项的操作步骤如下：

（1）在文档中选择要作为索引项的文本。

（2）单击"引用"选项卡"索引"选项组中的"标记索引项"按钮，打开"标记索引项"对话框，在"索引"选项区域中的"主索引项"文本框中显示已选定的文本，如图 3.54 所示。

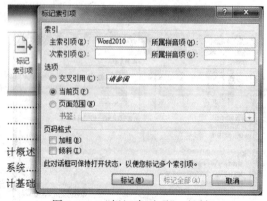

图 3.54　"标记索引项"对话框

根据需要，还可以通过创建次索引项、第三级索引项或另一个索引项的交叉引用来自定义索引项：

- 要创建次索引项，可在"索引"选项区域中的"次索引项"文本框中输入文本。次索引项是对索引对象的更深一层限制。
- 要包括第三级索引项，可在次索引项文本后输入冒号"："，然后在文本框中输入第三级索引文本。
- 要创建对另一个索引项的交叉引用，可以在"选项"选项区域中选中"交叉引用"单选按钮，然后在其文本框中输入另一个索引项的文本。

（3）单击"标记"按钮即可标记索引项，单击"标记全部"按钮即可标记文档中与此文本相同的所有文本。

（4）在标记了一个索引项之后，可以在不关闭"标记索引项"对话框的情况下，继续标记其他多个索引项。

（5）标记索引项之后，对话框中的"取消"按钮变为"关闭"按钮。单击"关闭"按钮即可完成标记索引项的工作。

插入到文档中的索引项实际上也是域代码，通常情况下该索引标记域代码只用于显示，不会被打印。

2. 生成索引

标记索引项之后，就可以选择一种索引设计并生成最终的索引了。Word 会收集索引项，并将它们按字母顺序排序，同时引用其页码，找到并删除同一页上的重复索引项，然后在文档中显示该索引。

为文档中的索引项创建索引的操作步骤如下：

（1）将光标定位在需要建立索引的位置，通常是文档的末尾。

（2）单击"引用"选项卡"索引"选项组中的"插入索引"按钮，打开"索引"对话框，如图 3.55 所示。

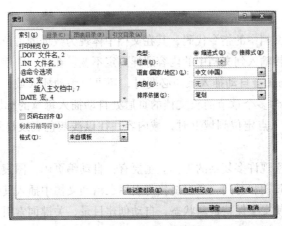

图 3.55　"索引"对话框

（3）在该对话框的"索引"选项卡中进行索引格式设置，其中：

- 从"格式"下拉列表中选择索引的风格，选择的结果可以在"打印预览"列表框中进行查看。

- 若选中"页码右对齐"复选框，索引页码将靠右排列而不是紧跟在索引项的后面，然后可在"制表符前导符"下拉列表中选择一种页码前导符号。
- 在"类型"选项区域中有 2 种索引类型可供选择，分别是"缩进式"和"接排式"。如果选中"缩进式"单选按钮，次索引项将相对于主索引项缩进；如果选中"接排式"单选按钮，则主索引项和次索引项将排在一行中。
- 在"栏数"文本框中指定分栏数以编排索引，如果索引比较短，一般选择两栏。
- 在"语言"下拉列表中可以选择索引使用的语言，语言决定排序的规则，如果选择"中文"，则可以在"排序依据"下拉列表中指定排序方式。

（4）设置完成后，单击"确定"按钮，创建的索引就会出现在文档中，如图 3.56 所示。

LearningStyle 1, 3, 5
Mobile 1, 2, 4

图 3.56　索引

3.5　域

域是 Word 中最具特色的工具之一，它是引导 Word 在文档中自动插入文字、图形、页码或其他信息的一组代码，在文档中使用域可以实现数据的自动更新和文档自动化。在 Word 2010 中，可以通过域操作插入许多信息，包括页码、时间和某些特定的文字、图形等，也可以利用它完成一些复杂而非常有用的功能，例如自动创建目录、索引、图表目录，插入文档属性信息，实现邮件的自动合并与打印等，还可以利用它连接或交叉引用其他文档及项目，也可以利用域实现计算功能等。本节将介绍域的概念、一些常用域和域的使用。

3.5.1　域的概念

域是一组能够嵌入文档中的指令代码，其在文档中体现为数据的占位符。域所表现的内容可以自动变化，而不像直接输入到文档中的内容那样固定不变。在文档中使用特定命令时，如插入页码或创建目录时，Word 会自动插入域。必要时，还可以手动插入域，以自动处理文档外观。例如，当需要在一个包含多个章节的长文档的页眉处自动插入每章的标题内容时，可以通过手动插入域来实现。将插入点定位到域上时，域内容往往以浅灰色底纹显示，以与普通的固定内容相区别。

使用 Word 域可以实现许多复杂的工作。主要有：自动编页码，图表的题注、脚注、尾注的号码，按不同格式插入日期和时间，通过链接与引用在活动文档中插入其他文档的部分或整体，实现无须重新输入即可使文字保持最新状态，自动创建目录、关键词索引、图表目录，插入文档属性信息，实现邮件的自动合并与打印，执行加、减及其他数学运算，创建数学公式，调整文字位置等。

域代码一般由三部分组成：域名、域参数和域开关。

域代码的通用格式为：{域名[域参数][域开关]}，其中在方括号中的部分是可选的。域代码不区分英文大小写。

- 域名：域名是域代码的关键字，必选项。域名表示了域代码的运行内容。Word 2010 提供了 9 种类型的域。
- 域参数：域参数是对域名的进一步说明。
- 域开关；域开关是特殊的指令，在域中可引发特定的操作，域通常有一个或多个可选的开关，之间用空格进行分隔。

3.5.2　常用域

Word 2010 支持的域多达 73 个，以下介绍部分常用域的使用。

1．Page 域

代码：{Page[*格式]}

作用：插入当前页的页码。

说明：单击"插入"选项卡"页眉和页脚"选项组中的"页码"按钮，或在"页眉和页脚工具"的"设计"选项卡中，单击"页眉和页脚"选项组中的"页码"按钮，Word 自动在页眉或页脚区插入 Page 域。要在文档中显示页码，则直接在文档中插入 Page 域。

2．Section 域

代码：{Section[\#数字格式][*格式]}

作用：插入当前节的编号。

说明：节是指 Word 分节的节，而不是一般章节的节。

3．NumPages 域

代码：{NumPages[\#数字格式][*格式]}

作用：插入文档的总页数。

4．NumChars 域

代码：{NumChars[\#数字格式][*格式]}

作用：插入文档的总字符数。

5．NumWords 域

代码：{NumWords[\#数字格式][*格式]}

作用：插入文档的总字数。

6．TOC 域

代码：{TOC[域开关]}

作用：建立并插入目录

说明：自动化生成目录，所建立的整个目录实际上就是 TOC 域。

7．TC 域

代码：{TC"文字" [域开关]}

作用：标记目录项。允许在文档任何位置放置可被 Word 收集为目录的文字，可以在 Word 内建"标题 1""标题 2"等样式，或指定样式之外、辅助制作目录内容。

说明：TC 域会被格式化为隐藏文字，而且不会在文档中显示域结果。如果要查看 TC 域，单击"显示/隐藏"按钮。

8．Index 域

代码：{Index[域开关] }

作用：建立并插入索引。

说明：Index 域会以 XE 域为对象，收集所有的索引项。

9．XE 域

代码：{XE"文字" [域开关]}

作用：标记索引项。经过 XE 域定义过的文字（词条），都会被收集到以 Index 域制作出来的索引中。如果要查看 XE 域，单击"显示/隐藏舛按钮"。

说明：与 TC 域类似，XE 域会被格式化为隐藏文字，而且不会在文档中显示域结果。如果要查看 XE 域，单击"显示/隐藏"按钮。

10．StyleRef 域

代码：{StyleRef"样式" [域开关]}

作用：插入具有指定样式的文本。

说明：将 StyleRef 域插入页眉或页脚，则每页都显示出当前页上具有指定样式的第一处或最后一处文本。

11．PageRef 域

代码：{ PageRef 书签名[域开关]}

作用：插入包含指定书签的页码，用于交叉引用。

12．Ref 域

代码：{ Ref 书签名[域开关]}

作用：插入用书签标记的文本。

13．Seq 域

代码：{ Seq 名称[书签][域开关]}

作用：插入用书签标记的文本。

3.5.3　域的使用

域操作包括域的插入、编辑、删除、更新和锁定等。

1．插入域

有时，域会作为其他操作的一部分自动插入文档，例如插入"页码"和插入"日期和时间"操作都能自动在文档中插入 Page 域和 Date 域。如果明确要在文档中插入一个域，可以通过"插入"菜单实行，也可以通过【Ctrl+F9】组合键产生域特征符后输入域代码。

1）手动插入域

操作方法如下：

（1）在文档中需要插入域的位置单击。

（2）单击"插入"选项卡"文本"选项组中的"文档部件"按钮，打开下拉列表。

（3）从下拉列表中选择"域"命令，打开"域"对话框，如图 3.57 所示。

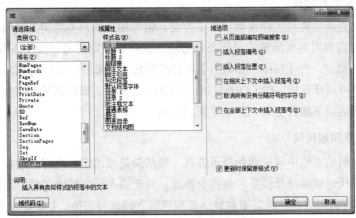

图 3.57　"域"对话框

（4）选择类别、域名，必要时设置相关域属性后，单击"确定"按钮。在对话框的域名区域下方显示对当前域功能的简单说明。

2）键盘输入法

如果熟悉域代码或者需要引入他人设计的域代码，可以用键盘直接输入，操作步骤如下：

（1）把光标定位到需要插入域的位置，按【Ctrl+F9】组合键，将自动插入域特征字符"{}"。

（2）在大括号内从左向右依次输入域名、域参数、域开关等参数。按【F9】键更新域，或者按【Shift+F9】组合键显示域结果。

2．编辑域

编辑域也就是修改域，用于修改域的设置或修改域代码，可以在"域"对话框中操作，也可以直接在文档的域代码中进行修改。

（1）右击文档中的某个域，在弹出的快捷菜单中选择"编辑域"命令，弹出"域"对话框，根据需要重新修改域代码或域格式。

（2）将域切换到域代码显示方式下，直接对域代码进行修改，完成后按【Shift+F9】组合键查看域结果。

3．更新域

更新域就是使域结果根据实际情况的变化而自动更新，更新域的方法有以下两种：

（1）手动更新域。右击更新域，在弹出的快捷菜单中选择"更新域"命令即可。也可按【F9】键实现。

（2）打印时更新域。单击"文件"选项卡中的"选项"按钮，打开"Word 选项"对话框。或者在 Word 功能区的任意空白处右击，在弹出的快捷菜单中选择"自定义功能区"命令，也能打开

"Word 选项"对话框。在打开的"Word 选项"对话框中切换到"显示"选项卡，在右侧的"打印选项"栏中选中"打印前更新域"复选框，此后，在打印文档前将会自动更新文档中所有的域结果。

4．删除域

删除域的操作与删除文档中其他对象的操作方法是一样的。首先选择要删除的域，按【Delete】键或【Backspace】键进行删除。

5．域的锁定和断开链接

虽然域的自动更新功能给文档编辑带来了方便，但是如果用户不希望实现域的自动更新，可以暂时锁定域，在需要时再解除锁定。若要锁定域，选择要锁定的域，按【Ctrl+F11】组合键即可；若要解除域的锁定，按【Ctrl+Shift+F11】组合键实现。如果要将选择的域永久性地转换为普通的文字或图形，可选择该域，按【Ctrl+Shift+F9】组合键实现，即断开域的链接。此过程是不可逆的，断开域连接后，不能再更新，除非重新插入域。

6．切换域结果和域代码

域结果和域代码是文档中域的两种显示方式。域结果是域的实际内容，即在文档中插入的内容或图形；域代码代表域的符号，是一种指令格式。对于插入到文档中的域，系统默认的显示方式为域结果，用户可以根据自己的需要在域结果和代码之间进行切换。主要有以下三种切换方法。

（1）单击"文件"选项卡中的"选项"按钮，打开"Word 选项"对话框。或者在 Word 功能区的任意空白处右击，在弹出的快捷菜单中选择"自定义功能区"命令，也能打开"Word 选项"对话框。在打开的"Word 选项"对话框中切换到"高级"选项卡，在右侧的"显示文档内容"栏中选择"显示域代码而非域值"复选框。在"域底纹"下拉列表框中有"不显示""始终显示""选取时显示"3 个选项，用于控制是否显示域的底纹背景，用户可以根据实际需要进行选择。单击"确定"按钮完成域代码的设置，文档中的域会以域代码形式进行显示。

（2）可以使用快捷键来实现域结果和域代码之间的切换。选择文档中的某个域，按【Shift+F9】组合键实现切换。按【Alt+F9】组合键可对文档中所有的域进行域结果和域代码之间的切换。

（3）右击插入的域，在弹出的快捷菜单中选择"切换域代码"命令实现域结果和域代码之间的切换。

3.6　样　　式

如果要快速更改文本格式，Word 样式是最有效的工具。将一种样式应用于文档中不同文本节之后，只需更改该样式，即可更改这些文本的格式。Word 中包含大量样式类型，其中一些可用于在 Word 中创建引用表。例如，"标题"样式用于创建目录。

3.6.1　概念

样式是指被冠以同一名称的字符或段落格式集合，它包括字体、段落、制表位、边框和底纹、图文框、编号等格式。用户可以将一种样式应用于某个段落，或者段落中选定的字符上，所选定的段落或字符便具有这种样式定义的格式。通过在文档中使用样式，可以迅速、轻松地统一文档的格式，辅助构建文档大纲以使内容更加有条理，简化格式的编辑和修改操作等，并且借助样式还可以自动生成文档目录。

举例来说，如果用户要一次改变使用某个样式的所有文字的格式时，只需修改该样式即可。例如，标题 2 样式最初为"四号、宋体、两端对齐、加粗"，如果用户希望标题 2 样式为"三号、隶书、居中、常规"，此时不必重新定义标题 2 的每一个实例，只需改变标题 2 样式的属性即可。

3.6.2　内置样式

在编辑文档时，使用样式可以省去一些格式设置上的重复性操作。利用 Word 2010 提供的"快速样式库"，可以为文本快速应用某种样式。

1．快速样式库

利用"快速样式库"应用样式的操作步骤如下：

（1）在文档中选择要应用样式的文本段落。

（2）单击"开始"选项卡"样式"选项组中的"其他"按钮，打开"快速样式库"下拉列表，如图 3.58 所示。

图 3.58　快速样式库

（3）在"快速样式库"下拉列表中的各种样式之间轻松滑动鼠标，所选文本就会自动呈现出当前样式应用后的视觉效果。单击某一样式，该样式所包含的格式就会被应用到当前所选文本中。

2．"样式"任务窗格

通过使用"样式"任务窗格也可以将样式应用于选中文本段落，操作步骤如下：

（1）在文档中选择要应用样式的文本段落。

（2）单击"开始"选项卡"样式"选项组右下角的"对话框启动器"按钮，打开"样式"任务窗格，如图 3.59 所示。

（3）在"样式"任务窗格的列表框中选择某一样式，即可将该样式应用到当前段落中。

在"样式"任务窗格中选中下方的"显示预览"复选框可看到样式的预览效果，否则所有样式只以文字描述的形式列举出来。

3．样式集

除了单独为选定的文本或段落设置样式外，Word 2010 内置了许多经过专业设计的样式集，而每个样式集都包含了一整套可应用于整

图 3.59　"样式"任务窗格

篇文档的样式组合。只要选择了某个样式集，其中的样式组合就会自动应用于整篇文档，从而实现一次性完成文档中的所有样式设置。应用样式集的操作方法如下：

（1）为文档中的文本应用 Word 内置样式，如标题文本应用内置标题样式。

（2）单击"开始"选项卡"样式"选项组中的"更改样式"按钮。

（3）从下拉列表中选择"样式集"命令，打开样式集列表，从中选择某一样式集，如"流行"，该样式集中包含的样式设置就会应用于当前文档中已应用了内置标题样式、正文样式的文本。

3.6.3　自定义样式

可以自己创建新的样式并给新样式命名。创建后，就可以像使用 Word 自带的内置样式那样使用新样式设置文档格式了。

（1）单击"开始"选项卡"样式"选项组右下角的"对话框启动器"按钮 。

（2）打开"样式"任务窗格，在窗格中单击下面的"新建样式"按钮，弹出"新建样式"对话框。

（3）在弹出的对话框中输入新样式名称。选择样式类型，样式类型不同，样式应用的范围也不同。其中常用的是字符类型和段落类型，字符类型的样式用于设置文字格式。段落类型的样式用于设置整个段落的格式。

（4）如果要创建的新样式与文档中现有的某个样式比较接近，则可以从"样式基准"下拉列表框中选择该样式，然后在此现有样式的格式基础上稍加修改即可创建新样式。"后续段落样式"也列出了当前文档中所有样式。它的作用是设定将来在编辑套用了新样式的一个段落的过程，按住【Enter】键转下一段落时，下一段落自动套用的样式。

（5）设置新样式的格式。例如，字体、字号、段落格式设置等，更多详细设置应单击对话框左下角的 格式 按钮，从弹出的菜单中选择格式类型，在随后打开的对话框中详细设置。除字体和段落格式外，还可设置边框、编号、文字效果等格式。

（6）设置完成后，单击"确定"按钮，新定义的样式会出现在快速样式库中以备调用。

3.7　文档注释和交叉引用

通常在一篇论文或报告中，在首页文章标题下会看到作者的姓名、单位，在姓名边上会有一个较小的编号或符号，该符号对应该页下边界或者全文末页处该作者的介绍；在文档中，一些不易了解含义的专有名词或缩写词边上也常会注有小数字或符号，且可在该页下边界或本章节结尾找到相应的解释，这就是脚注与尾注。

区别于脚注和尾注，题注主要针对文字、表格、图片和图形混合编排的大型文稿。题注设定在对象的上下两边，为对象添加带编号的注释说明，可保持编号在编辑过程中的相对连续性，以方便对该类对象的编辑操作。

在图书、期刊、论文正文中用于标识引用来源的文字称为引文。书目是在创建文章时参考或引用的文献列表，通常位于文档的末尾。

一旦为文档内容添加了带有编号或符号项的注释内容，相关正文内容就需要设置引用说明，以保证注释与文字的对应关系。这种引用关系称为交叉引用。

在 Word 2010 "引用"选项卡的各选项组中，提供了关于脚注、尾注、题注、引文和交叉引用等各项功能。

3.7.1　插入脚注和尾注

脚注和尾注一般用于在文档和图书中显示引用资料的来源，或者用于输入说明性或补充性的信息，脚注位于当前页面的底部或指定文字的下方，而尾注则位于文档的结尾处或者指定节的结尾。脚注和尾注均通过一条短横线与正文分隔开。二者均包含注释文本，该注释文本位于页面的结尾处或者文档的结尾处，且都比正文文本的字号小一些。

在文档中插入脚注或尾注的操作步骤如下：

（1）在文档中选择需要添加脚注或尾注的文本，或者将光标置于文本的右侧。

（2）单击"引用"选项卡"脚注"选项组中的"插入脚注"按钮，即可在该页面的底端加入脚注区域；单击"插入尾注"按钮，即可在文档的结尾加入尾注区域。

（3）在脚注或尾注区域中输入注释文本，如图 3.60 所示。

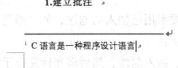

图 3.60　在文档中插入脚注

（4）单击"脚注"选项组右下角的"对话框启动器"按钮，打开"脚注和尾注"对话框，可对脚注或尾注的位置、格式及应用范围等进行设置。

当插入脚注或尾注后，不必向下滚到页面底部或文档结尾处，只需将鼠标指针停留在文档中的脚注或尾注引用标记上，注释文本就会出现在屏幕提示中。

3.7.2　插入题注并在文中引用

题注是一种可以为文档中的图表、表格、公式或其他对象添加的编号标签，如果在文档的编辑过程中对题注执行了添加、删除或移动操作，则可以一次性更新所有题注编号，而不需要再进行单独调整。

1．插入题注

在文档中定义并插入题注的操作步骤如下：

（1）在文档中定位光标到需要添加题注的位置。例如一张图片下方的说明文字之前。

（2）单击"引用"选项卡"题注"选项组中的"插入题注"按钮，打开"题注"对话框，如图 3.61 所示。

（3）在"标签"下拉列表框中，根据添加题注的不同对象选择不同的标签类型。

（4）单击"编号"按钮，打开"题注编号"对话框，如图 3.62 所示，在"格式"下拉列表中重新指定题注编号的格式。如果选中"包含章节号"复选框，则可以在题注前自动增加标题序号。单击"确定"按钮完成编号设置。

图 3.61 "题注"对话框　　　　　　　　　图 3.62 "题注编号"对话框

（5）单击"题注"对话框中的"新建标签"按钮，打开"新建标签"对话框，在"标签"文本框中输入新的标签名称后，例如"图"，单击"确定"按钮。

（6）所有的设置均完成后单击"确定"按钮，即可将题注添加到相应的文档位置。

2．交叉引用题注

在编辑文档过程中，经常需要引用已插入的题注，如"参见第 1 章""如图 1-2 所示"等。在文档中引用题注的操作步骤如下：

（1）在文档中应用标题样式、插入题注，然后将光标定位于需要引用题注的位置。

（2）单击"引用"选项卡"题注"选项组中的"交叉引用"按钮，打开"交叉引用"对话框。

（3）在该对话框中选择引用类型，设定引用内容，指定所引用的具体题注，如图 3.63 所示。

（4）单击"插入"按钮，在当前位置插入引用。单击"关闭"按钮退出对话框。

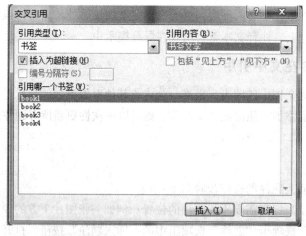

图 3.63　交叉引用

交叉引用是作为域插入到文档中的，当文档中的某个题注发生变化后，只需进行一下打印预览，文档中的其他题注序号及引用内容就会随之自动更新。

3.8　模　　板

模板是可帮助用户设计引人入胜和具有专业外观的文档的文件。模板包含内容和设计元素，可用于创建文档。模板的所有格式都是完整的，用户可以为格式添加所需内容。

3.8.1 概念

在 Word 2010 中，模板是一个预设固定格式的文档，模板的作用是保证同一类文本风格的整体一致性。使用模板，能够在生成新文档时，包含某些特定元素，可以省时、方便、快捷地建立用户所需要的具有一定专业本平的文档。

3.8.2 常用模板

常用模板可以分为两类：一是可用模板，二是 Office.com 模板。可用模板显示位于本机中的模板，包括已安装的模板和用户的自定义模板。Office.com 模板包括了报表、标签、表单表格等多个分类，但模板需要连接网络到 Office.com 中去获取。

1. 使用已安装的模板

单击"文件"选项卡中的"新建"命令，在右侧的可用模板中将显示博客文章、书法字帖、样本模板等，这些都是系统的内置模板。双击"样板模板"后，还将显示包括信函、简历等多种模板。

2. 使用 Office. com 模板

Word 已安装模板一般只有数十种，而 Office.com 为用户提供了成百上千种免费模板。

只需确保网络连接就可以使用这些在线模板。这些模板都经过了专业设计且包含了众多复合对象。使用在线模板的操作步骤如下：

（1）单击"文件"选项卡中的"新建"命令，选择 Office.com 中的模板，如贺卡。

（2）根据所需的文档类型选择子分类，如节日贺卡。

（3）在显示的列表中选择所需的模板。若有多个模板可供选择，可以参看模板的用户评级和打分。

（4）单击下载，建立文档。

若 Word 2010 的已安装模板和网络模板无法满足实际需要，可自行创建一份模板，让其他用户依据模板进行规范化写作。例如在毕业设计过程中，若希望数百份毕业论文都采用相同的格式要求撰写，最好的方法就是创建一份毕业论文模板，并以此撰写毕业论文。

3. 使用用户自定义模板

在可用模板列表中，"我的模板"文件夹用于存放用户的自定义模板。对于 Windows 7 用户，自定义模板存放的默认路径是 C:\Users\Administrator\AppData\Roaming\Microsoft\Templates 文件夹，放置完成后，只需新建文档，在"可用模坂"中单击"我的模板"按钮，即可在"新建"对话框的"个人模板"中查看自定义模板。

注意：在存放路径中包含用户名，意味着如果使用其他用户名登录同一台计算机，该模板将无法正常使用。

4. 使用工作组模板

用户模板都是基于每个用户存储的，Windows 用户有各自的存储路径，但如果用户希望把自已创建的模板变成开放使用，可以把模板放在工作组模板文件夹中，当用户从"我的模板"新建文档时，所有模板将都出现在个人模板位置，且无法辨别来源。操作步骤如下：

（1）创建工作组模板文件夹，单击"文件"选项卡中的"选项"按钮，在"Word 选项"对话框中选择"高级"。在"常规"部分，单击"文件位置"按钮，打开"文件位置"对话框。Word默认未设定工作组模板位置，可单击"修改"按钮设定工作组模板文件夹的位置，例如 C:\Templates。

（2）将所需的模板放入工作组文件夹中，即可通过"我的模板"查看。

5．使用现有内容新建模板

一篇毕业论文撰写完成后，若希望另一篇毕业论文可以沿用其页面设置、样式与格式、宏、快捷键等设置，可以将它作为模板来创建文档。单击可用模板列表中的"根据现有内容新建"按钮，即可根据现有文档创建模板。

3.8.3　自定义模板

（1）打开 Word 文档，根据需要制作一个 Word 模板。

（2）在空白文档中，设置页面边框，并输入文字"我的模板"，文字居中，字符设置为"楷体、小二、加粗"（可根据自身喜好设置）。

（3）单击"文件"选项卡中的"另存为"命令，"保存位置"选择"Word 模板"即可。

（4）选择保存位置，建议保存到 Word 默认的模板文件夹 "C:\Users\Administrator\AppData\Roaming\Microsoft\Templates"。

（5）打开 Word 2010 文档窗口，单击"文件"选项卡中的"新建"按钮。

（6）在模板窗口中选择"我的模版"，选中刚才新建的 Word 模板，然后单击"确定"按钮。

（7）此时就会新打开一个和 Word 模板一样的 Word 文档，创建 Word 模板可以大大提高工作效率。

3.9　批注和修订

在与他人一同处理文档的过程中，审阅、跟踪文档的修订状况将成为重要的环节之一，作者需要及时了解其他修订者更改了文档的哪些内容，以及为何要进行这些更改。这些都可以通过 Word 的批注与修订功能实现。编辑完成的文档，还可以方便地以不同的方式共享给他人阅读使用。

3.9.1　批注的概念和操作

在很多人审阅同一文档时，可能需要彼此之间对文档的一部分内容的变更状况作一个解释，或者向文档作者询问一些问题，这时就可以在文档中插入"批注"信息。批注并不对文档本身进行修改，而是在文档页面的空白处添加相关的注释信息，并用带有颜色的方框括起来。它用于表达审阅者的意见或对文本提出质疑。

1．建立批注

先在文档中选择要进行批注的内容，单击"审阅"选项卡"批注"选项组中的"新建批注"按钮，将在页面右侧显示一个批注框。直接在批注框中输入批注，再单击批注框外的任何区域即可完成批注的建立。

2. 编辑批注

如果批注意见需要修改,单击批注框,进行修改后再单击批注框外的任何区域即可。

3. 删除批注

如果要删除文档中的某一条批注信息,则可以右击所要删除的批注,在弹出的快捷菜单中选择"删除批注"命令。如果要删除文档中的所有批注,则单击"审阅"选项卡"批注"选项组中的"删除"按钮,在下拉列表中选择"删除文档中的所有批注"命令,如图 3.64 所示。

4. 查看批注

1)审阅者

可以有多人参与批注或修订操作,文档默认状态是显示所有审阅者的批注和修订。也可以指定审阅者,文档中仅显示指定审阅者的批注和修订,便于用户更加了解该审阅者的编辑意见。单击"审阅"选项卡"修订"选项组中的"显示标记"按钮,在下拉列表中选择"审阅者"复选框,不选中"所有审阅者"复选框,再单击"显示标记"按钮,在下拉列表中选择"审阅者"复选框,选中指定的审阅者前的复选框,如图 3.65 所示。

图 3.64　删除"批注"

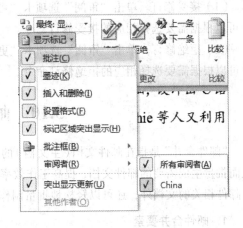

图 3.65　选定审阅者

2)查看批注

对于加了许多批注的长文档,直接用鼠标翻页的方法查看批注,既费神又容易遗漏,Word 提供了自动逐条定位批注的功能。单击"审阅"选项卡"批注"选项组中的"上一条"或"下一条"按钮,对所有显示的批注进行逐条查看。

在查看批注的过程中,作者可以采纳或忽略审阅者的批注。批注不是文档的一部分,作者只能参与批注的建议和意见。如果要将批注框内的内容直接用于文档,要通过复制粘贴的方法进行操作。

3.9.2　修订的概念和操作

修订用来标记对文档中所做的编辑操作。用户可以根据需求接受或拒绝每处修订,只有接受修订,文档的编辑才能生效,否则文档将保留原内容。

1．打开/关闭文档修订功能

单击"审阅"选项卡"修订"选项组中的"修订"按钮。如果"修订"命令加亮突出显示，则打开了文档的修订功能，否则文档的修订功能处于关闭状态。

启用文档修订功能后，作者或审阅者的每一次插入、删除、修改或更改格式，都会被自动标记出来。用户可以在日后对修订进行确认或取消操作，防止误操作对文档带来的损害，提高了文档的安全性和严谨性。

2．查看修订

单击"审阅"选项卡"更改"选项组中的"上一条"或"下一条"按钮，可以逐条显示修订标记。与查看批注一样，如果参与修订的审阅者超过一个，可以先指定审阅者后进行查看。

在"审阅"选项卡的"修订"选项组中，单击"审阅窗格"→"水平审阅窗格"或"垂直审阅窗格"命令，在"主文档修订和批注"窗格中可以查看所有的修订和批注，以及标记修订和插入批注的用户名和时间。

3．审阅修订

在查看修订的过程中，作者可以接受或拒绝审阅者的修订。

（1）接受修订。单击"审阅"选项卡"更改"选项组中的"接受"按钮，在打开的下拉列表中可以根据需要选择相应的接受修订命令。

（2）拒绝修订。单击"审阅"选项卡"更改"选项组中的"拒绝"按钮，在打开的下拉列表中可以根据需要选择相应的拒绝修订命令。

3.10　邮　件　合　并

"邮件合并"是指在邮件文档（主文档）的固定内容中，合并与发送信息相关的一组通信资料，从而批量生成需要的邮件文档，提高工作效率。"邮件合并"功能除了可以批量处理信函、信封等与邮件相关的文档外，还可以轻松地批量制作标签、工资条、成绩单、获奖证书等。

1．邮件合并要素

1）建立主文档

主文档是指包括需进行邮件合并文档中通用的内容，如信封上的落款、信函中的问候语等。主文档的建立过程，即是普通 Word 文档的建立过程，唯一不同的是，需要考虑文档布局及实际工作要求等排版要求，如在合适的位置留下数据填充的空间等。

2）准备数据源

数据源就是数据记录表，包含相关的字段和记录内容。一般情况下，使用邮件合并功能都基于已有相关数据源的基础上，如 Excel 表格、Outlook 联系人或 Access 数据库，也可以创建一个新的数据表作为数据源。

3）邮件合并形式

单击"邮件"选项卡"完成"选项组中的"完成并合并"按钮，下拉列表中的选项可以决定合并后文档的输出方式，合并完成的文档份数取决于数据表中记录的条数。

（1）打印邮件。将合并后的邮件文档打印输出。

（2）编辑单个文档。选择此命令后，可打开合并后的单个文档进行编辑。

（3）发送电子邮件。将合并后的文档以电子邮件的形式输出。

2．邮件合并操作

下面以批量制作"节日问候"信函为例，介绍邮件合并的操作方法，操作步骤如下：

（1）单击"邮件"选项卡"开始邮件合并"选项组中的"开始邮件合并"按钮，在下拉列表中选择"邮件合并分步向导"命令。打开"邮件合并"导航栏，在"选择文档类型"向导页选中"信函"单选按钮，并单击"下一步"按钮。

（2）在打开的"选择开始文档"向导页中，选中"使用当前文档"单选按钮，并单击"下一步"按钮。

（3）打开"选择收件人"向导页，选中"键入新列表"单选按钮，并选择"创建"命令，打开"新建地址列表"对话框，将需要收信的联系人信息输入到该对话框中，如图 3.66 所示，单击"确定"按钮。

（4）打开"保存到通讯录"对话框，为信函命名，单击"保存"按钮。

（5）打开"邮件合并收件人"对话框，可通过编辑数据源操作，修改收件人信息，单击"确定"按钮。返回"邮件合并"导航栏，单击"下一步"按钮。

（6）在"选取目录"向导页选择"地址块"命令，打开"插入地址块"对话框，选取指定地址元素，确定信息无误后，单击"确定"按钮。此时在文本中显示"地址块"域，输入收信地址，用同样的方法设置"问候语"。

（7）如在信函中还需书写其他信息，选择"其他项目"命令，在打开的"插入合并域"对话框中，插入所需信息，如图 3.67 所示，单击"插入"按钮。完成设置后，单击"下一步"按钮。

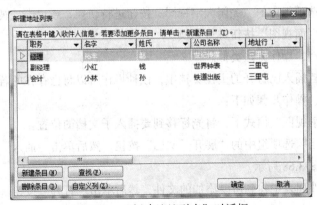

图 3.66 "新建地址列表"对话框

图 3.67 "插入合并域"对话框

（8）在"预览目录"向导页，可进行查看、排除、查找及编辑收件人信息的操作，完成后单击"下一步"按钮。

（9）在"完成合并"向导页，可选择打印或编辑单个信函命令以完成合并操作，或者单击"邮件"选项卡"完成"选项组中的"完成并合并"按钮，在下拉列表中选择相应命令，完成合并。

3.11　主控文档

在 Word 2010 中，系统提供了一种可以包含和管理多个子文档的文档，即主控文档。主控文档可以组织多个子文档，并把它们当作一个文档来处理，可以对它们进行查看、重新组织、格式设置、校对、打印和创建目录等操作。主控文档与子文档是一种链接关系，每个子文档单独存在，子文档的编辑操作会自动反应在主控文档中的子文档中，也可以通过主控文档来编辑子文档。

1.　建立主控文档与子文档

利用主控文档组织管理子文档，应先建立或打开作为主控文档的文档，然后在该文档中再建立子文档（子文档必须在标题行才能建立），具体操作步骤如下：

（1）打开作为主控文档的文档，并切换到"大纲视图"模式下，将光标移到要创建子文档的标题位置（若在文档中某正文段落末尾处建立子文档，可先按【Enter】键生成一空段，然后将此空段通过大纲的提升功能提升为 1 级标题级别），单击"大纲"选项卡"主控文档"选项组中的"显示文档"按钮，将展开"主控文档"选项组，单击"创建"按钮。

（2）光标所在标题周围出现一个灰色细线边框，其左上角显示一个标记，表示该标题及其下级标题和正文内容为该主控文档的子文档。

（3）在该标题下面空白处输入子文档的正文内容。输入正文内容后，单击"大纲"选项卡"主控文档"选项组中的"折叠子文档"按钮，将弹出是否保存主控文档对话框，单击"确定"按钮进行保存，插入的子文档将以超链接的形式显示在主控文档的大纲视图中。同时，系统将自动以默认文件名及默认路径（主控文档所在的文件夹）保存创建的子文档。

（4）单击状态栏右侧的"页面视图"按钮，切换到"页面视图"模式下，完成子文档的创建操作。或单击"大纲"选项卡"关闭"选项组中的"关闭大纲视图"按钮进行切换，或单击"视图"选项卡"文档视图"选项组中的"页面视图"按钮进行切换。

（5）还可以在文档中建立多个子文档，操作方法类似。

可以将一个已存在的文档作为子文档插入已打开的主控文档中，该种操作可以将已存在的若干文档合理组织起来，构成一个长文档，操作步骤如下：

（1）打开主控文档，并切换到"大纲视图"模式下，将光标移到要插入子文档的位置。

（2）单击"大纲"选项卡"主控文档"选项组中的"展开子文档"按钮，然后单击"插入"按钮，弹出"插入子文档"对话框，如图 3.68 所示。

（3）在"插入子文档"对话框的文件列表中找到所要添加的文件，然后单击"打开"按钮。

2.　打开、编辑及锁定子文档

可以在 Word 中直接打开子文档进行编辑，也可以在编辑主控文档的过程中对子文档进行编辑，操作步骤如下：

（1）打开主控文档，其中的子文档以超链接的形式显示。若要打开某个子文档，按住【Ctrl】键的同时单击子文档名称，子文档的内容将自动在 Word 新窗口中显示，可直接对子文档的内容进行编辑和修改。

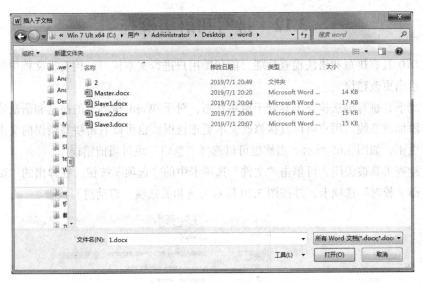

图 3.68　"插入子文档"对话框

（2）若要在主控文档中显示子文档内容，可将主控文档切换到"大纲视图"模式下，子文档默认为折叠形式，并以超链接的形式显示，按住【Ctrl】键的同时单击子文档名可打开子文档，并对子文档进行编辑。若单击"大纲"选项卡"主控文档"选项组中的"展开子文档"按钮，子文档内容将在主控文档中显示，可直接对其内容进行修改。修改后单击"折叠子文档"按钮，子文档将以超链接形式显示。

（3）单击"大纲"选项卡"主控文档"选项组中的"展开子文档"按钮，子文档内容将在主控文档中显示并可修改，若不允许修改，可单击"主控文档"选项组中的"锁定文档"按钮，子文档标记的下方将显示锁形标记，此时不能在主控文档中对子文档进行编辑，再次单击"锁定文档"按钮可解除锁定。对于主控文档，也可以按此进行锁定和解除锁定。

3. 合并与删除子文档

子文档与主控文档之间是超链接关系，可以将子文档内容合并到主控文档中，而且，对于主控文档中的子文档，也可以进行删除操作。相关操作步骤如下：

（1）打开主控文档，并切换到"大纲视图"模式下，单击"大纲"选项卡"主控文档"选项组中的"显示文档"及"展开子文档"按钮，子文档内容将在主控文档中显示出来。

（2）将光标移到要合并到主控文档的子文档中，单击"主控文档"选项组中的"取消链接"按钮，子文档标记消失，该子文档内容自动成为主控文档的一部分。

（3）单击"保存"按钮进行保存。

若要删除主控文档中的子文档，操作步骤如下：在主控文档"大纲视图"模式下且子文档为展开状态时，单击要删除的子文档左上角的标记按钮，将自动选择该子文档，按【Delete】键，该子文档将被删除。

在主控文档中删除子文档，只删除了与该子文档的超链接关系，该子文档仍然保留在原来位置。

3.12 拼写和语法检查

Word 2010 具有拼写和语法检查功能，能帮助用户进行文本校对，检查出文档中的拼写和语法错误，并给出更改建议。

默认情况下，拼写语法检查工具处于启用状态，对于 Word 检测出的拼写和语法错误，会在该文本下方添加波浪线，用户可以直接修改文本更正错误，也可以右击拼写错误的文本，查看并选用建议的更正，如图 3.69 所示。当然也可以选择"忽略"跳过当前错误。

若拼写检查工具被关闭，可单击"文件"选项卡中的"选项"按钮，在弹出的"Word 选项"对话框中选择"校对"选项卡，并按图 3.70 所示勾选相关选项，启动拼写检查。

图 3.69　根据拼写检查建议更正错误文本　　　　图 3.70　拼写与语法检查设置

第 *4* 章 | 数据处理及高级应用

数据处理是办公自动化的重要组成部分，也是人们在日常工作、学习和生活中经常进行的一项工作，内容包括数据的输入输出，利用公式、函数进行复杂的运算，以及制作各种表格文档，进行烦琐的数据计算，并能对数据进行分类汇总、筛选和排序。同时可以形象地将各种数据变成可视化图表。

4.1 概　　述

目前常见的数据处理软件有 Microsoft 的 Excel、OriginLab 的 Origin、IBM 的 SPSS 以及金山公司的 WPS Office 等。本章以 Microsoft Excel 2010 为例，介绍数据处理及高级应用。

4.1.1 功能概述

Excel 2010 作为一款成熟的数据处理软件，提供了十分出色的功能。只要将数据输入到 Excel 按规律排列的单元格中，便可依据数据所在单元格的位置，利用多种公式进行算术和逻辑运算，分析汇总单元格中的数据信息，并且可以把相关数据用各种统计图的形式直观地表示出来。详细的功能如图 4.1 所示。

由图 4.1 可见，Excel 基本功能主要分布于图的右侧，包括工作簿、工作表、单元格的基本操作，数据的一般处理，函数的基本应用。高级功能主要集中于图的左侧和右下角区域，包括数据的高级处理、函数的高级应用、复杂公式、多功能图表以及数据透视表等。

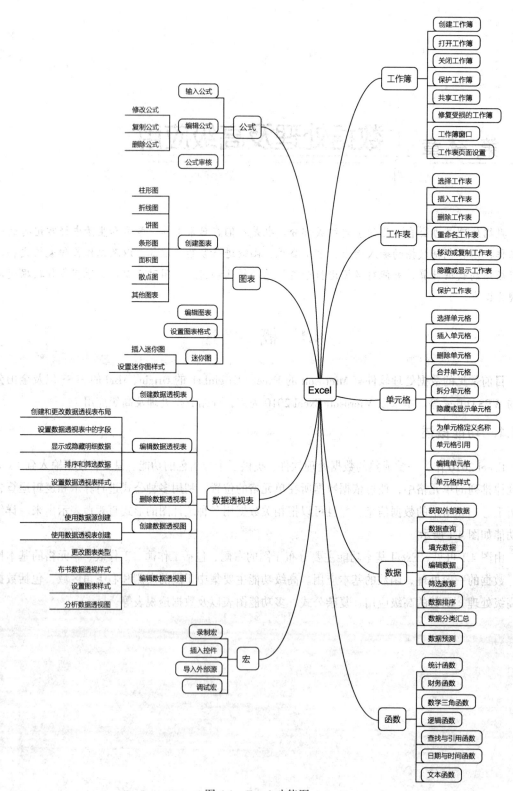

图 4.1　Excel 功能图

4.1.2 高级功能

Excel 的整体操作趋于简单，绝大部分基础功能，用户都可以轻松地理解和掌握。但是 Excel 中也包含很多高级功能，这些功能使得数据处理变得轻松高效。其中主要几个高级功能如下：

（1）强大的计算能力：提供公式输入功能和多种内置函数，便于用户进行复杂计算。

（2）丰富的图表表现：能够根据工作表数据生成多种类型的统计图表，并对图表外观进行修饰。

（3）快速的数据库操作：能够对工作表中的数据实施多种数据库操作，包括排序、筛选和分类汇总等。

（4）数据共享：可实现多个用户共享同一个工作簿文件，即与超链接功能结合，实现远程或本地多人协同对工作表的编辑和修饰。

4.2 数据及运算

数据是 Excel 处理的基本元素，运算则是对数据依某种模式而建立起来的关系进行处理的过程。最基本的数据运算有：①算术运算，如加、减、乘、除、取余；②关系运算，如等于、不等于、大于、大于等于、小于、小于等于；③逻辑运算，如与、或、非。

4.2.1 数据与数据类型

数据(data)是事实或观察的结果，是对客观事物的逻辑归纳，是用于表示客观事物的未经加工的原始素材。数据可以是连续的值，比如声音、图像，称为模拟数据，也可以是离散的，如符号、文字，称为数字数据。在计算机系统中，数据以二进制信息单元 0，1 的形式表示。事实上，数据可以分为整型、浮点型、字符型、布尔型、日期型等类型。以下分别介绍各种数据类型的特点。

（1）整型：它用于存储一个整数值，整型数据一般占据 4 B 的存储空间。

（2）浮点型：它用于存放一个浮点数（实数），例如 12.345、16.88 这样带小数点的数。浮点型又分为"单精度浮点型"和"双精度浮点型"，单精度浮点型一般占据 4 B 的存储空间，"双精度浮点型"则占据 8 B 的存储空间。

（3）字符类型：一般将一个字符是 'A', 'B', 'C', '#', '!' 这样的数据称为字符类型，占据 1 B 的存储空间。而由西文双引号括起来的字符序列通常称为字符串，如"Hello!"，"0123456789"。

（4）布尔型：布尔型的值一般只有两个，FALSE（假）和 TRUE（真）。布尔值一般与逻辑运算和关系运算（比较运算）相关联。

（5）日期型：类似于 2019 年 6 月 30 日、2019/6/30、2019-6-30 的格式，这样格式的数据均为日期型数据。

（6）Excel 中有数值型和文本型类型，数值型指整型和浮点型，文本型则指字符串。

4.2.2 运算符

运算符是对要进行运算的原始数据进行各种加工处理的运算符号。除加、减、乘、除、取余等算术运算符外，还有比较运算符、逻辑运算符等丰富的运算符。

1．算术运算符

算术运算通常包括加、减、乘、除四则运算，对于整数运算还有第五种运算：取余运算，取余运算符为"%"，即取两个整数相除的余数。例如"10%3=1"。加法运算符为"+"，使运算符两侧的值相加。减法运算符为"−"，使运算符左侧的值减去右侧的值。乘法运算符为"*"，使运算符两侧的值相乘。除法运算符为"/"，使运算符两侧的值相除，"/"左侧的值是被除数，右侧的值是除数。

2．比较运算符

比较运算符（关系运算符）用于对两个值之间的大小进行比较，结果为逻辑值，结果只有两种：TRUE 和 FALSE，分别表示比较结果为"真"或为"假"。一般的比较运算符有">"">="""<" "<=""==""!="六种运算符。例如"4>2"的结果为 TRUE。

3．逻辑运算符

逻辑运算符又称布尔运算符，分别表示逻辑与、逻辑或、逻辑非，逻辑运算符有"&&""||" "!"。

（1）a&&b 表示只有 a 和 b 都是真时，表达式结果为真，有一个为假，结果为假。

（2）a||b 表示 a 或 b 有一个为真，表达式结果为真，a 和 b 都为假，表达式结果为假。

（3）!a 表示 a 为真时，表达式结果为假，a 为假时，表达式结果为真。

常用运算符及范例如表 4.1 所示。

表 4.1　常用运算符及范例

类　　别	运　　算	运算符	范　　例	范例运算结果
算术运算符	加法	+	9+6	15
	减法	−	6−4	2
	乘法	*	3*4	12
	除法	/	10/3	3.3333…
	除法（整除）	/	10/3	3
	取余（仅整数）	%	10%3	1
比较运算符	等于	=	4=2	FALSE
	大于	>	4>2	TRUE
	小于	<	4<2	FALSE
	大于等于	>=	4>=2	TRUE
	小于等于	<=	4<=2	FALSE
	不等于	!=	4!=2	FALSE
逻辑运算符	逻辑与	&&	(4>2)&&(2>1)	TRUE
	逻辑或	||	(4>2)||(2<1)	TRUE
	逻辑非	!	!1	FALSE

4．括号运算符

要改变运算次序，也可以使用括号，但必须都使用小括号（），不能用中括号[]、大括号{}。

如希望实现数学上的中括号、大括号的功能，须逐层嵌套小括号（）。小括号（）的外面再嵌套一层小括号（）就相当于中括号，"中括号"的外面再嵌套一层小括号（）就相当于大括号，"大括号"的外面还可再嵌套小括号（）相当于更大的大括号……

例如：((2*(3+5)-6)*3+10)/2，(3+5)相当于小括号，(2…6)相当于中括号，(…10)相当于大括号，运算结果为 20。

4.2.3 表达式

同时由数字、运算符和括号以有意义的排列方式组合起来的称为表达式。表达式的求值过程实际上是一个数据加工的过程，通过各种不同的运算符可以实现不同的数据加工。例如由算术运算符构成的表达式称为算术表达式，由逻辑运算符构成的表达式称为逻辑表达式。

1．算术表达式

由算术运算符将数字连接起来的表达式就是算术表达式，例如"3+10%3+2*3"，表达式结果为 10。

2．关系表达式

用关系运算符将数值或表达式连接起来的式子就是关系表达式，满足关系表达式运算关系的结果称为"真"，否则为假。例如"4>2"，表达式结果为真。

3．逻辑表达式

有时，多个关系表达式组合起来更有用，这时需要用逻辑运算符将关系表达式连接起来，用逻辑运算符连接运算值组成的表达式就是逻辑表达式。例如表达式"(4>2)&&(2>1)"，表达式结果为真。

4.3 函　　数

日常工作、学习和生活中，或多或少都会接触到函数，例如购物金额计算，平均成绩计算，竞赛结果排名，最大值、最小值计算，字符串替换等。

函数（function）通常表示输入值与输出值的一种对应关系。如，函数 f(x)，表示给定 x 值，可以得到 f(x)的值，又如 f(x,y)，则表示给定 x 和 y 值，可以得到 f(x,y)的值。

函数的基本格式：函数名（参数 1,参数 2,参数 3,…）

函数一般都有函数名、参数和返回值，称之为函数的三要素。例如，在 MAX(a,b,c)中，MAX 为函数名，表示求最大值函数，其作用是用来求 3 个数中的最大值。a、b、c 为参数，表示在这次计算中有 3 个参数，参数要写在一对英文小括号中（不能是中文），这对小括号必不可少。函数的求解结果也称为函数的返回值。有的函数只有一个参数，而有的函数可以有多个参数，有的甚至不需要参数（称为无参函数）。为什么会存在多个参数的情况呢？当 1 个参数不足以提供足够的信息时，就要用到多个参数，多个参数之间用英文逗号分隔，共同写在括号中，即用法：函数名(参数 1,参数 2, 参数 3,…)。

4.4　数据的输入及控制

Excel 工作表中的数据编辑与 Word 中表格内容的编辑并没有太大区别，只是 Excel 单元格可以限定数据类型，所有数据类型可以在"单元格格式"对话框中设置。

Excel 工作表与 Word 文档在编辑中的最大差别就是在 Excel 工作表中可以同时选定不连续的行、列和单元格。选定不连续区域时，需要键盘【Ctrl】键与鼠标的配合。

4.4.1　数据的复制与移动

与其他 Windows 应用程序一样，选中要复制的区域，然后通过"复制"+"粘贴"或者"剪切"+"粘贴"操作，即可完成复制或移动操作。

另外，键盘+鼠标的配合也可以快捷地完成复制和移动的操作：首先选中需要复制或移动的单元格区域，将鼠标指针移到区域边缘处，当鼠标指针呈现 4 个方向的形状中时，按下键盘上【Ctrl】键的同时拖动鼠标到目标位置，就可以实现选定区域的复制；如果配合的是【Shift】键，那么执行的就是移动操作。

4.4.2　数据的智能填充

除了标准的复制方法以外，Excel 还提供了一种智能填充的数据复制方法。

简单复制：如果要将一个单元格中的数据复制到相邻的单元格或区域中，只要选中该单元格，将鼠标指针指向其右下角的填充柄（见图 4.2），按住鼠标左键拖动，释放鼠标后，可以看到凡是被鼠标拖过的单元格中都写入了相同的内容（见图 4.3）。

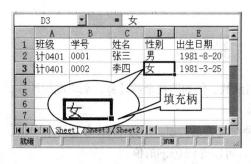

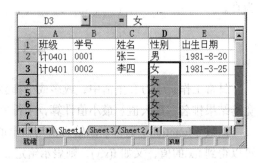

图 4.2　复制前　　　　　　　　　　　　　　　图 4.3　复制后

智能填充：如果活动单元格中的数据是枚举类型的（如："星期一""January"等），则拖动后得到的结果并不是简单复制，而是被智能地填充为"星期二、星期三……"和"February，March……"等（见图 4.4）。

智能填充不是武断的，在假设填充操作后，填充区右下角会出现一个"智能填充选项"图标，单击它会展开填充选项列表（见图 4.5），用户可以根据自己的意愿推翻 Excel 的判断而选择需要的操作。

更多填充方式：如果改用鼠标右键拖动，那么当释放鼠标时，就会弹出一个快捷菜单，其中列出了更多填充功能（见图 4.6），选择其中的"序列"选项，随即会弹出一个"序列"对话框（见图 4.7），选中"等差序列"单选按钮，同时设置"步长"为"2"，单击"确定"按钮后就可以得到一个步长值为 2 的等差数列（见图 4.8）。

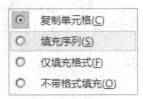

图 4.4　枚举型数据填充效果　　　　　图 4.5　填充方式选择

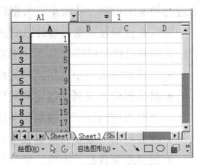

图 4.6　快捷菜单　　　　图 4.7　"序列"对话框　　　　图 4.8　等差数列填充效

4.4.3　窗口的冻结

　　一般在工作表第一行都会有一个标题行，而在第一列也通常会有关键字列（比如姓名、品名、编号等）。在浏览或编辑一个行、列数很多的工作表时会发现，当表格被滚动之后，标题行或关键字列往往就看不见了，这样就会很不方便，可能造成编辑错位，将一个人的某一属性记到另一个人名下，或将语文成绩记到数学列了。为了解决这个问题，除了可以用窗口拆分的方法解决以外，Excel 还提供了一个专门的工具，那就是冻结窗格。利用这个方法，可以使得标题行或关键字列"冻结"住，不随其他数据一起滚动。下面来介绍具体实现方法。

　　打开一个工作表，如果要使第一行冻结，就将活动单元格置于第二行第一个单元格（也就是单击"A2"），再选择"视图"选项卡下"窗口"选项组中的"冻结窗格"选项，这样，第一行就被冻结了。试拖动垂直滚动条，第一行标题行始终坚守岗位，而下面的记录与标题行的关系一一对应，也就不容易造成错位了。如果要使第一列冻结，就将活动单元格置于第一行第二个单元格（"B1"）；如果要使第一行和第一列同时冻结，就将活动单元格置于第二行第二个单元格（"B2"），图 4.9 即冻结 1 行 1 列的情形。当然也可以冻结多行多列，以适应标题占用多行多列的情形。

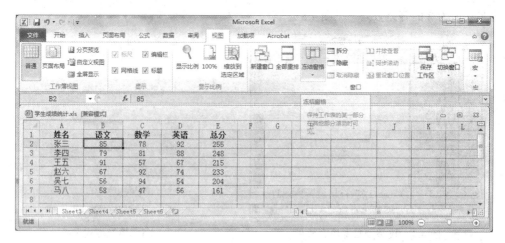

图 4.9　冻结 1 行 1 列

4.4.4　控制数据的有效性

在 Excel 中，为了避免在输入数据时候出现过多错误，可以通过在单元格中设置数据有效性来进行相关的控制，从而保证数据输入的准确性，提高工作效率。

可以通过配置数据有效性以防止输入无效数据，或者在输入无效数据时自动发出警告。

数据有效性可以实现以下常用功能：

- 将数据输入限制为指定序列的值，以实现大量数据的快速、准确输入。
- 将数据输入限制为指定的数值范围，如指定最大值最小值、指定整数、指定小数、限制为某时段内的日期、限制为某时段内的时间等。
- 将数据输入限制为指定长度的文本，如身份证号只能是 18 位文本。
- 限制重复数据的出现，如学生的学号不能相同。

操作步骤如下：

（1）选定要定义数据有效性的单元格或区域。

（2）单击"数据"选项卡"数据工具"选项组中的"数据有效性"按钮，在下拉列表中选择"数据有效性"命令，打开"数据有效性"对话框，如图 4.10 所示。

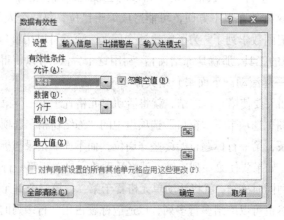

图 4.10　"数据有效性"对话框

（3）在"数据有效性"对话框中完成相应选项卡的操作设置。

- 单击"设置"选项卡，在"允许"下拉列表框中设置该单元格允许的数据类型，数据类型包括整数、小数、序列、日期、时间、文本长度以及自定义等。
- 单击"输入信息"选项卡，通过"标题"和"输入信息"中文本框内容的设置，使数据输入时将有提示信息出现，可以预防输入错误数据。
- 单击"出错警告"选项卡，通过"样式"设置，实现当输入无效数据时，可采取的处理措施。通过"标题"和"输入信息"中文本框内容的设置，可提示更为明确的错误信息。
- 单击"输入法模式"选项卡，通过模式的设置，可以实现在单元格中输入不同数据类型时，输入法的自动切换。

（4）单击"确定"按钮。

4.5　工作表的格式化

建立一张工作表后，可以建立不同风格的数据表现形式。通过对工作表的格式化可以更好地将工作表中的数据展现出来，更加清晰地显示出需要的数据，更好地提高工作效率。工作表的格式化，包括设置单元格的格式，如设置单元格中数据的数字格式、字体字号、条件格式、文字颜色等，以及设置单元格的边框、底纹（背景颜色）、对齐方式等。

4.5.1　单元格格式的设置

单元格格式包括数据类型、对齐方式、字体、边框、填充和保护等的设置。

单元格格式的设置在"单元格格式"对话框中进行（见图 4.11），单击"开始"选项卡"单元格"选项组"格式"下拉列表中的"设置单元格格式"，可打开此对话框，更方便的是在右键快捷菜单中选择"设置单元格格式"（见图 4.12）。

图 4.11　"单元格格式"对话框　　　　　　　图 4.12　单元格格式入口

多数的格式如字体、字号、颜色、边框、底纹和背景等的设置与 Word 中的方法大同小异，以下就 Excel 特有的格式设置进行介绍。

1．单元格数据类型设置

选中一个单元格或区域，打开"单元格格式"对话框，选择"数字"选项卡，在左边可以看到"分类"列表框中列出了所有的预定义格式。其中最常用的是"数值""文本""日期"等，单击选中某一格式，再单击"确定"按钮，即完成了对所选单元格区域的格式设置。

2．单元格的合并与拆分

在许多场合中，表格中的内容需要突破默认表格线的限制，比如表头，可能会占据整个表格的宽度，而不是仅仅局限在某一个小小的单元格范围内。

（1）单元格的合并：单元格的合并即去掉多个单元格之间的表格线，并将它们作为一个单元格来处理。将需要合并的单元格选中，然后在"单元格格式"对话框中选择"对齐"选项卡，选中下方的"合并单元格"复选框（见图4.13），即可完成合并。

图 4.13　对齐选项卡之合并单元格选项

如果希望合并后内容居中显示，也可以通过单击"开始"选项卡下"对齐方式"选项组中的"合并后居中"按钮来实现（见图4.14）。

图 4.14　选择"合并后居中"选项

（2）单元格的拆分：如果要将合并过的单元格拆分，只需将上述"设置单元格格式"对话框中的"合并单元格"复选框前的对钩去掉即可。但是要注意，工作表创建时的默认单元格是 Excel 的最小数据存放单元，不能够再进行拆分，只有合并过的单元格才能拆分，故准确地说，应该是"取消合并"。

4.5.2　条件格式的使用

通过为单元格定义条件格式，可以赋予所有满足条件的单元格特殊的外观。现举例来说明条件格式的应用。本例是要将成绩表中小于 60 分的成绩单元格用特殊颜色的文字和背景色突出显示。

（1）选择施加条件区域。首先选中所有的成绩数据。

（2）选择条件格式。单击"开始"选项卡"样式"选项组中的"条件格式"按钮，在下拉列表中选择"突出显示单元格规则"（见图 4.15）。

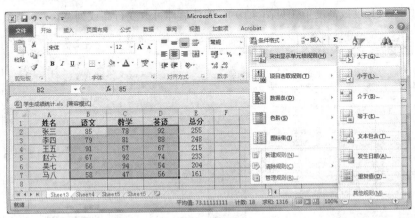

图 4.15　条件格式入口

（3）定义条件表达式。单击"小于"菜单项，在弹出的"小于"条件格式对话框（见图 4.16）中，在左边"为小于以下值的单元格设置格式"文本框中，输入"60"，然后在"设置为"下拉列表中选择一种现成的格式或选择"自定义格式"来定义一种格式，然后单击"确定"即可使得满足条件的单元格突出显示（见图 4.17）。

图 4.16　"小于"条件格式对话框

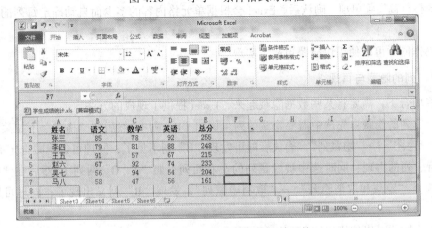

图 4.17　突出显示满足条件的单元格

4.5.3　行与列的格式化

1．设置行高与列宽

新建工作表中行的高度与列的宽度都是默认的，如果需要改变行高与列宽，有三种方法。

（1）手动调整：将鼠标指针移动到相邻行号之间的分隔线上，当鼠标指针变成上下双向箭头时，拖动鼠标到适当的位置，就可以重新定义行高；同理可以改变列宽。

（2）设置行、列格式：先选中需要改变的行（可以选择多行），在"开始"选项卡下"单元格"选项组中选择"格式"下拉菜单，在其中选择"行高"或"列宽"菜单项（见图4.18），然后在弹出的对话框中输入宽度或高度值（见图4.19），确认后即可改变行高或列宽。

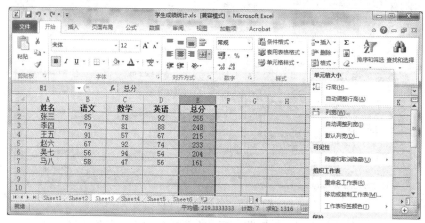

图 4.18　"格式"下拉菜单

图 4.19　自定义列宽值

（3）自动调整行高与列宽：先选中所有列，然后在"格式"下拉菜单中选择"自动调整列宽"或"自动调整行高"菜单项，确认后，Excel 会根据单元格内容的多少而自动确定每列的列宽度与行的高度。

上述操作同样可以使用快捷菜单命令实现。

2．行、列的隐藏与再现

在某些场合下，需要将某些数据隐藏起来，Excel 提供了现成的方法。

（1）行、列的隐藏：先选中需要隐藏的列（例如"B"列），然后在"格式"下拉菜单中选择"隐藏和取消隐藏"→"隐藏列"，确认后即可发现"B"列不见了；同理可以隐藏选定的行。

（2）行、列的再现：同时选中被隐藏列的左右两列（如"A、C"两列），然后在"格式"下拉菜单中选择"隐藏和取消隐藏"→"取消隐藏列"，发现"B"列又出现了；同理可以再现被隐藏的行。

上述操作同样可以使用快捷菜单命令实现。

4.5.4　预定义格式的套用

对 Excel 工作表的格式和外观有较高要求时，设置所有的格式需要较多的步骤。好在 Excel 为准备好了许多预定义的格式模板，可以很方便地套用。

（1）选定需要套用预定义的格式的数据区，通常是整个表格区域。

（2）在"开始"选项卡下"样式"选项组中单击"套用表格格式"下拉按钮，下拉列表中会出现多个现成的模板（见图 4.20）。

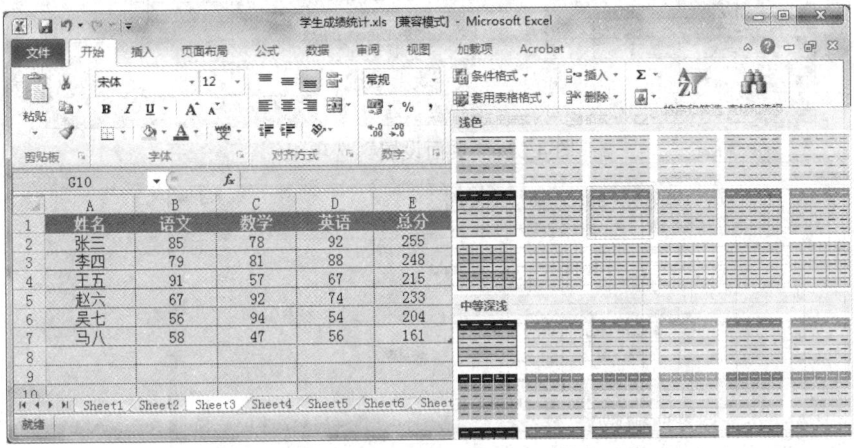

图 4.20　套用表格格式

（3）选择其中一个，确认后即可一次性快速完成全部格式的设置（见图 4.21）。

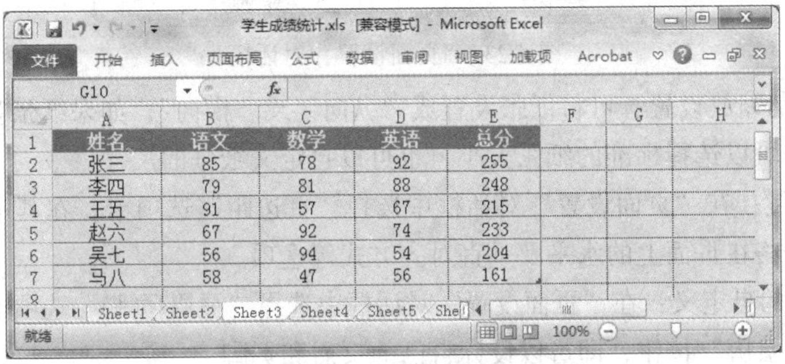

图 4.21　套用表格格式效果

4.5.5　页面设置与打印预览

要将 Excel 工作表的内容整齐、美观地制作成报表，不仅需要对工作表进行单元格层次上的格式化，还需要进行整个页面层次上的格式化，即"页面设置"。页面设置完成后，可以通过"打印预览"功能对输出效果进行检验，最后再进行打印。

（1）在"页面布局"选项卡下"页面设置"选项组中可以看到许多选项，可用于调整页边距、纸张方向、纸张大小、打印区域、打印标题等选项（见图 4.22）。

（2）单击"页面设置"选项组右下角的对话框启动器按钮 ，可以弹出"页面设置"对话框（见图 4.23），在其 4 个选项卡中也可以对页面设置的各个选项进行更改。

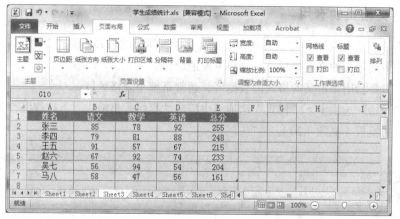

图 4.22　"页面设置"选项组

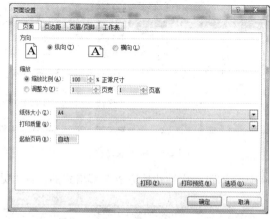

图 4.23　"页面设置"对话框

① 纸张方向与缩放设置：可将纸张设置成"纵向"或"横向"；如果纸张容纳不下内容，可以进行缩小打印；可以选择标准的纸张大小，也可以自定义纸张的尺寸。

② 页边距设置：在"页面设置"对话框中选择"页边距"选项卡，在其中可以调整页面的上下左右边距、表格在页面上的水平及垂直对齐方式等选项。

③ 页眉/页脚的自定义：在"页面设置"对话框中选择"页眉/页脚"选项卡，单击"自定义页眉"或"自定义页脚"按钮，即可以设计自己的页眉和页脚。

④ 工作表设置：在"页面设置"对话框中选择"工作表"选项卡，在打印区域选择框中可以选择需要打印的数据区域；在"打印标题"选择区中可以选择在每页都需要打印的构成表头的若干行；如果在单元格格式中未设置边框，在此还可以选择是否打印边框。

打印预览：在"页面设置"对话框中单击"打印预览"按钮，或在"文件"菜单中选择"打印"菜单项，可以进入打印预览视图，在其中可以再次设置页边距，或单击预览界面右下角的 图标，可以显示出边距，此时直接用鼠标拖动边距分界线，可以可视化地进行页边距和列宽的调整。

4.6　Excel 公式与函数

Excel 具有很强的计算能力，只要在单元格中创建所需要的计算公式，就可以动态地计算出相应的结果。通过 Excel 的公式，不仅可以执行各种普通数学运算与统计，还可以进行因果分析和回归分析等复杂结果。Excel 的函数实际上就是 Excel 预先定义好的一些复杂的计算公式，可以供用户通过简单的调用来实现某些复杂的运算，而无须用户再自己去书写公式。

4.6.1　公式

1．公式的构成

公式由等号（"="）、常量、变量（单元格名称引用，如"B2"）、运算符和函数等组成。Excel 可使用的运算符有"+"（加）、"–"（减）、"*"（乘）、"/"（除）、"∧"(乘方)、"%"（百分比）、双引号和左右括号等。

2．公式的创建

选择一个单元格，输入等号"="，然后依次输入需要计算的数据（或单元格引用）和运算符，最后确认输入，此时单元格中显示的公式已经变成计算所得的结果了，不过只要选中该单元格，在编辑栏中看到的还是原始公式"=B2+C2+D2"（见图 4.24）。编辑公式可以在编辑栏中进行，也可以通过双击公式所在单元格，然后直接在其中编辑。

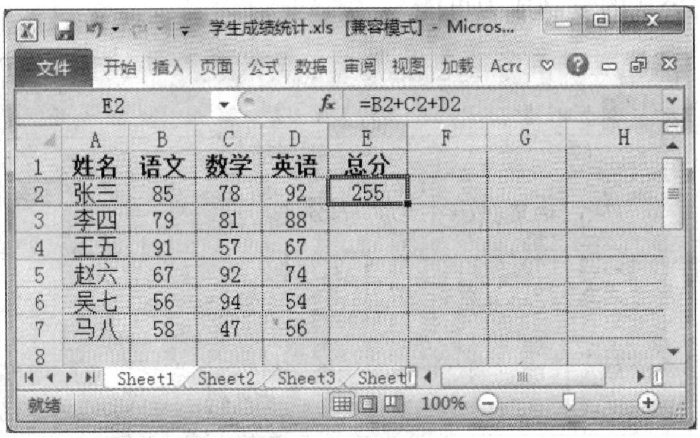

图 4.24　公式与编辑栏

3．单元格的引用

每一个单元格都有一个名字，如"A2""C5"等，单元格的名字就是变量名，单元格的内容则是变量的值。如果在公式中需要引用某单元格的值进行运算，可以直接输入该单元格的名字，也可以单击该单元格而自动完成引用。

4．相对引用与绝对引用

（1）相对引用——引用单元格时不是使用其绝对地址来定位，而是引用其相对地址（即被引用单元格相对于公式所在单元格的位置）来定位，如"C4"中的公式要引用"A1"单元格，公式中虽然写的是"A1"，而实际引用的地址是左边第 2 列、上方第 3 行的位置。凡是直接书写单元格名字的引用都是相对引用。

（2）绝对引用——引用单元格时使用其绝对地址来定位，假如公式中要引用"A1"单元格，那么不论公式放在哪一个单元格中，被引用单元格的地址始终是"A1"。绝对引用在公式中的书写规定是在单元格名字的列标和行号前各加上一个"$"符号，即"$A$1"。

（3）混合引用——引用单元格时列标使用绝对地址而行号使用相对地址，或者列标使用相对地址而行号使用绝对地址的引用方式，例如"$A1""B$3"。

（4）跨表引用——前面讨论的单元格引用都是在同一张表中进行的，如果引用的单元格在另一张表中，则在引用时就需要加上表的名字和一个惊叹号，如"Sheet2!C4"，引用的是"Sheet2"表中的"C4"单元格。编辑公式时可以先单击被引用的工作表标签打开工作表，然后单击需要引用的单元格，最后按下【Enter】键即可完成引用。

注意：公式中所使用的所有表达式符号如运算符、引号、括号、函数名等必须为纯西文（半角）符号，运算数如文本常量、变量名等可以使用中文符号。

5. 公式的复制与移动

公式的复制与移动的方法和单元格的复制与移动的方法相同，同样也可以通过填充方式进行批量复制。所不同的是，如果公式中含有单元格的相对引用，则复制或移动后的公式会根据当前所在的位置而自动更新。例如"E2"单元格中的公式为"=B2+C2+D2"（见图 4.24），将其复制到"E3"后，公式变成了"=B3+C3+D3"（见图 4.25），而"E4"中公式则为"=B4+C4+D4"。这正是相对引用的妙处，使得公式的复制成为可能。

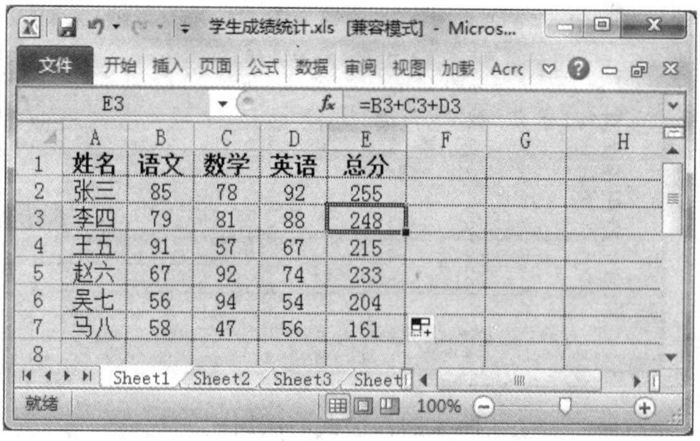

图 4.25　公式复制后的自动更新

思考：如果将"E2"中的公式向右方复制到"F2"，公式会变成什么样？

4.6.2　常见函数的使用

在 Excel 中有 400 多个函数可供使用，以下介绍几个常用函数的调用方法，读者可以举一反三，学习掌握其他函数的使用。

1. 求和函数 SUM()

类别：数学与三角函数。

功能：计算多个数字之和。

调用语法：SUM(Number1,Number2,...)

其中，Number1,Number2,...分别为需要求和的数据参数，参数可以是常数、单元格或连续单元格区域引用，如果是区域的引用，则参数应该是 REF1:REF2 的形式，其中 REF1 代表区域左上角单元格的名字，REF2 代表右下角单元格名字，例如"A1:A30""A1:F8"。

例如："=SUM(3,2)"的结果为 5。

如果单元格"A1"的值为 3，"A2"的值为 5，则"=SUM(A1:A2)"的结果为 8。

如果单元格"A2"至"E2"分别存放着 5，15，30，40 和 50，则"=SUM(A2:C2)"的结果为 50；"=SUM(A1,B2:E2)"的结果为 138。

下面通过一个实例来说明插入函数的步骤。

（1）选中要存放结果的单元格。

（2）选择"公式"选项卡下"函数库"选项组的"插入函数"按钮（见图 4.26）或者单击"编辑栏"左边的 f_x 按钮（单击"Σ 自动求和"按钮也可以快速生成求和公式）。

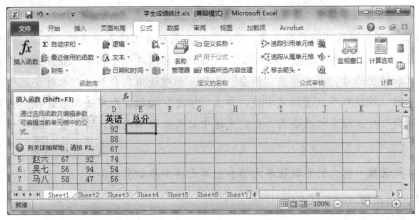

图 4.26　单击"插入函数"按钮

（3）在弹出的"插入函数"对话框的"或选择类别"下拉列表中选择"数学与三角函数"，然后在下方"选择函数"列表框中选择"SUM"（见图 4.27），单击"确定"按钮。

（4）此时弹出"函数参数"对话框（见图 4.28），在上部"Number1"输入框中输入需要求和的单元格区域（如"B2:D2"），最后单击"确定"按钮，即可完成公式的编辑。

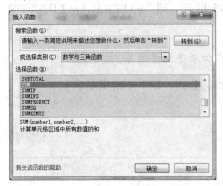

图 4.27　"插入函数"对话框

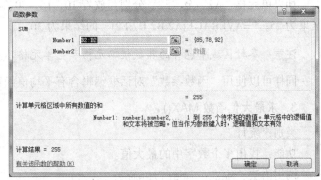

图 4.28　"函数参数"对话框

现在可以看到，公式为"=SUM(B2:D2)"，求得 3 门课的总分为 255，如图 4.29 所示。

（5）将公式向下复制，即可完成所有学生总分的自动计算。

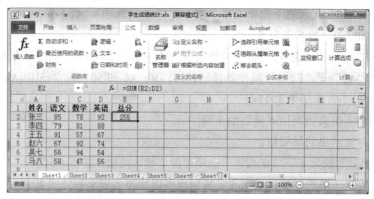

图 4.29　完成的公式

【技巧】如果不知道区域的引用名称，可以直接用鼠标在工作表中选取：单击"函数参数"对话框中"Number1"右侧的"折叠"按钮，对话框就会缩成一个横条，显露出工作表来，用鼠标选择需要求和的区域后，再次单击"折叠"按钮，则对话框又会展开，此时发现所选择的区域已经自动填写好，等所有参数选择完毕后，单击"确定"按钮，即可关闭对话框。如果事后还想通过"函数参数"对话框来修改公式，则需先选中公式所在单元格，再单击"编辑栏"左边的按钮即可。

注意：参数区域中包含的非数值单元格和空单元格不参加求和运算。

2．求平均值函数 AVERAGE()

类别：统计。

功能：计算多个数字之平均值。

调用语法：AVERAGE(Number1,Number2,...)

例如："=AVERAGE(7,5)"的结果为 6。

如果单元格"A1"的值为 3，"A2"的值为 5，则"=AVERAGE(A1:A2)"的结果为 4。

如果单元格"A2"至"E2"分别存放着 10，15，30，45 和 50，则"=AVERAGE(A2:D2)"的结果为 25；"=AVERAGE(A2:B2,D2:E2)"的结果为 30。

注意：参数区域中包含的非数值单元格和空单元格不参加求平均值运算。

同样可以使用"函数参数"对话框编辑含有平均值函数的公式，以下不再重复。

3．求最大值函数 MAX()

类别：统计。

功能：找出多个数字中的最大值。

调用语法：MAX(Number1,Number2,...)

例如：设单元格"A2"至"E2"分别存放着 10，15，30，45 和 50，则："=MAX(A2:E2)"的结果为 50。

4．求最小值函数 MIN()

类别：统计。

功能：找出多个数字中之最小值。

调用语法：MIN(Number1,Number2,...)

注意：MAX 和 MIN 函数参数区域中包含的非数值单元格和空单元格不参加求最大（最小）值运算。

5. 计数函数 COUNT()

类别：统计。

功能：计算单元格区域中数值项的个数。

调用语法：COUNT(Value1,Value2,...)

例如：设单元格"A2"至"E2"分别存放着 10，15，Name，45 和 50，则："=COUNT(A2:E2)"的结果为 4。因为"Name"为非数字项。

6. 条件选择函数 IF()

类别：逻辑。

功能：执行条件判断，根据逻辑测试的真假值返回不同的结果。该函数通过"函数参数"对话框来添加比较方便。

调用语法：IF(logical_test,value_if_true,value_if_false)

参数 logical_test 为一个逻辑表达式，表示判断条件，其计算结果可以为 TRUE（真）或 FALSE（假）。例如表达式"5>3"的值为 TRUE，而表达式"5=3"的值为 FALSE。

参数 value_if_true 是当 logical_test 为 TRUE 时返回的值，参数 value_if_false 是当 logical_test 为 FALSE 时返回的值。

例如：设单元格"A1"的值为 58，则"=IF(A1>59,"及格","不及格")"的结果等于"不及格"，因为条件"A1>59"不成立，所以输出 value_if_false 的值"不及格"。

注意：参数 value_if_true 和 value_if_false 可以是常量，也可以是函数和公式。

例如：IF(A1>59,"及格",IF(A1>=40","补考","重修"))。含义是：大于 59 分的输出"及格"，小于 60 分的输出由公式"IF(A1>=40","补考","重修")"来确定，大于等于 40 分的输出"补考"，小于 40 分的输出"重修"。

7. 日期函数 TODAY，YEAR，MONTH，DAY

类别：日期与时间。

常用日期函数主要有以下几个：

（1）当前日期函数 TODAY()。

功能：返回计算机系统的当前日期，如果系统日期设置正确，则返回当天日期。

调用语法：TODAY()，没有参数，但括号不能省略。

例："=TODAY()"的返回值为系统的当前日期，如"2019-7-15"。

（2）求年份函数 YEAR()。

功能：返回某日期中的年份分量。

调用语法：YEAR(serial_number)，参数 serial_number 是一个日期型的量。

例："=YEAR(" 2019-7-15 ")"的返回值为"2019"，"=YEAR(TODAY())"的返回值为"2019"（假定读者的系统时间为 2019 年）。

注意：参数也可以为变量，如果参数为常量，则必须用双引号限定。

（3）求月份函数 MONTH()。

功能：返回某日期中的月份分量。

调用语法：MONTH(serial_number)，参数 serial_number 是一个日期型的量。

例："=MONTH(" 2019-7-15 ")"的返回值为"7"。

（4）求日子函数 DAY()。

功能：返回某日期中的日子分量。

调用语法：DAY(serial_number)，参数 serial_number 是一个日期型的量。

例："=DAY(A1)"的返回值为"15"（假设"A1"单元格中为"2019-7-15"）。

4.7　数据处理的高级应用

计算机的主要功能之一是数据处理，将看似杂乱的数据经过处理后得到有用的信息。在 Excel 中，就提供了许多数据处理的工具，如排序、筛选和分类汇总等。

4.7.1　数据的排序

在多数情况下，工作表中的数据记录都是按照录入的时间顺序排列的，通常这并不是需要的顺序，有时虽然是按某个关键字顺序录入的，但并不能满足使用中的多种需要。比如学生成绩登记表，最初可能是按照学号的顺序录入的，当需要对某门考试成绩进行比较时，这个顺序就没有意义了，就需要针对该门成绩进行排序；当需要对总分进行排队时，单科成绩的次序又没有意义了，又需要重新排序。

经过 Microsoft 的多年努力，排序在 Excel 中已经是非常容易的事情了，再多的数据，只需经过几个简单步骤便可轻松完成。主要的排序方法有三种：单字段排序、多字段排序和自定义排序。

1．单字段排序

排序之前，先在待排序字段中单击任一单元格，然后排序。排序的方法有如下两种：

（1）单击"数据"选项卡下"排序和筛选"选项组中的"升序"按钮 或"降序"按钮 ，即可对该字段内容进行排序。

（2）单击"数据"选项卡下"排序和筛选"选项组中的"排序"按钮 ，打开"排序"对话框，如图 4-30（a）所示。在对话框的"列"下的"主要关键字"下拉列表中，选择某一字段名作为排序的主关键字，如职称。在"排序依据"下选择排序类型，若要按文本、数字或日期和时间进行排序，可选择"数值"，若要按格式进行排序，可选择"单元格颜色""字体颜色""单元格图标"。在"次序"下拉列表框中选择"升序"或"降序"以指明记录按升序或降序排列。单击"确定"按钮，完成排序。

2．多字段排序

如果要对多个字段排序，则应使用"排序"对话框来完成。在"排序"对话框中首先选择"主要关键字"，指定排序依据和次序；而后单击"添加条件"按钮，此时在"列"下则增加了"次要关键字"及其排序依据和次序，如图 4.30（b）所示，可根据需要依次进行选择。若还有其他关键字，可再次单击"添加条件"按钮进行添加。在多字段排序时，首先按主要关键字排序，若主关键字的数值相同，则按次要关键字进行排序，若次要关键字的数值相同，则按第三关键字排序，依此类推。

　　　　（a）单字段排序　　　　　　　　　　　　　　　　（b）多字段排序

图 4.30　"排序"对话框

　　在图 4.30 所示的"排序"对话框中单击"选项"按钮，可弹出"排序选项"对话框（见图 4.31）。在该对话框中，还可设置区分大小写、按行或列排序、按字母或笔画排序等选项。

3. 自定义排序

　　在实际的应用中，有时需要按照特定的顺序排列数据清单中的数据，特别是在对一些汉字信息的排列时，就会有这样的要求。例如，对图 4.32 所示职工档案管理工作表的职称列进行降序排序时，Excel 给出的排序顺序是"教授—讲师—副教授"，如果用户需要按照"教授—副教授—讲师"的顺序排列，这时就要用到自定义排序功能了。

图 4.31　"排序选项"对话框

图 4.32　"职工档案管理"工作表

1）按列自定义排序

具体操作步骤如下：

（1）打开图 4.32 所示的"职工档案管理"工作表，并将光标置于数据清单的一个单元格中。

（2）选择"文件"选项卡下的"选项"命令，在打开的"Excel 选项"对话框的左侧窗格选择"高级"，在右侧窗格中单击"常规"组中的"编辑自定义列表"按钮，弹出"自定义序列"对话框，如图 4.33 所示。在"自定义序列"列表框中选择"新序列"选项，在"输入序列"列表框中输入自定义的序列"教授""副教授""讲师"。输入的每个序列之间要用英文逗号隔开，或者每输入一个序列就按一次【Enter】键。

（3）单击"添加"按钮，则该序列被添加到"自定义序列"列表框中，单击"确定"按钮，返回到"Excel 选项"对话框，再次单击"确定"按钮，则可返回到工作表中。

（4）单击"数据"选项卡下"排序和筛选"选项组中的"排序"命令按钮，在打开的"排序"对话框中单击"次序"下拉列表框按钮，从中选择"自定义序列"，打开"自定义序列"对话框。

（5）在"自定义序列"列表框中选择刚刚添加的排序序列，单击"确定"按钮，返回到"排序"对话框中。此时，在"次序"框中则显示为"教授,副教授,讲师"，同时，在"次序"下拉列表中显示了"教授,副教授,讲师"和"讲师,副教授,教授"两个选项，分别表示降序和升序，如图 4.34 所示。

图 4.33　"自定义序列"对话框

图 4.34　"排序"对话框

（6）选择"教授,副教授,讲师"，单击"确定"按钮，记录就按照自定义的排序次序进行排列，如图 4.35 所示。

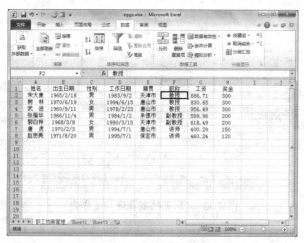

图 4.35　按列自定义排序的结果

2）按行自定义排序

按行自定义排序的操作过程和按列自定义排序的操作过程基本相同。在图 4.31 所示的"排序选项"对话框的"方向"选项组中选中"按行排序"单选按钮即可。

4.7.2　记录的筛选

筛选（或过滤）是 Excel 提供的一个非常有用的数据处理工具，其功能是将指定区域中满足条件的记录挑选出来单独处理或浏览，而将不满足条件的记录隐藏起来。例如：可以在成绩登记表中将考试成绩不及格的记录挑选出来；可以从职工档案表中将职称为"工程师"的记录查找出来；也可以从工资表中将"基本工资"小于 1 000 元的记录过滤出来。

Excel 提供了两种筛选工具：自动筛选和高级筛选。下面分别举例说明两种筛选的基本操作方法，请读者举一反三，自己练习不同应用中的数据筛选。

假设有一工资表如图 4.36 所示，现在要将其中职称为"讲师"或者"工资"少于或等于 1 000元的记录筛选出来。

1. 自动筛选

（1）单击工资表中任何一个单元格（必要步骤，表示要对这个表格进行操作），再选择"数据"选项卡"排序和筛选"选项组中的"筛选"选项，此时可以看到每列的列标题右侧多出来一个下拉按钮（见图 4.37）。

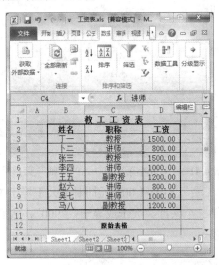

图 4.36　原始工资表

图 4.37　"筛选"入口和条件选择

（2）在"职称"旁的下拉列表中取消"（全选）"，选中"讲师"，这时，除了 4 名讲师外，其余不满足筛选条件的记录都被隐藏了（见图 4.38）。如果要去掉筛选结果而恢复原表，在下拉列表中选中"（全选）"即可。

（3）现在要将"讲师"中"工资"少于 1 000 元的记录过滤出来，就需要再对"工资"列进行筛选：在"工资"旁的下拉列表中选择"数字筛选"，并且在子菜单中选择"小于"选项（见图 4.39）。

（4）在弹出的"自定义自动筛选方式"对话框（见图 4.40）的"小于"条件后中输入"1000"，单击"确定"按钮，就筛选出了所有满足"工资"少于 1 000 元条件的记录（见图 4.41）。这样就实现了一种在不同列上的组合筛选。

图 4.38　"讲师"筛选结果

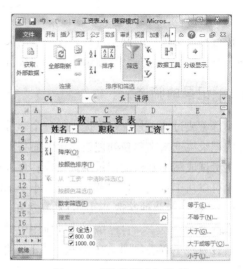

图 4.39　"数字筛选"选项

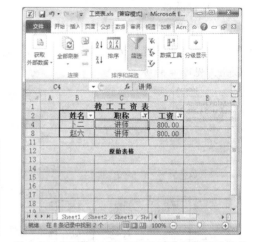

图 4.41　"工资小于 1 000 元的讲师"筛选结果

图 4.40　"自定义自动筛选方式"对话框

如果要在同一列上进行多条件筛选，比如要筛选"工资"小于 1 000 元同时又大于等于 900 元的记录，就可以在图 4.42 所示对话框的第二行定义第二个条件"大于或等于""900"，然后选择两个条件之间的逻辑关系为"与"，最后确定即可完成。

图 4.42　组合条件筛选

2. 高级筛选

还是同一个例子，将职称为"讲师"或者"工资"少于或等于 1 000 元的记录筛选出来。

1）构建条件区域

在原数据表区域之外随意找一个区域（不要与原数据表区域相连），按筛选条件构建一个图 4.43 所示的条件区域（最上方的标题"条件区域"不是必须的）。

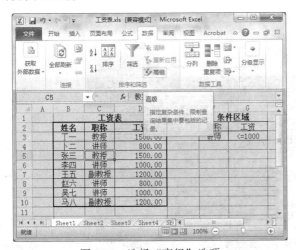

图 4.43　构建条件区域

注意：条件区域的列标题和条件数据必须与原数据表中的完全相同，假如原始表中的列标题文本带有空格（例如"职　称"），那么条件区域中也必须带有空格，因此，为了避免错误的发生，最好是从原数据区中复制列标题和条件数据。

2）选中数据表区域

首先单击数据表区域中任意单元格，然后在"数据"选项卡下"排序和筛选"选项组选择"高级"选项（见图 4.44），此时弹出"高级筛选"对话框，同时自动选中了数据表区域"$B$2:$D$10"（见图 4.45）。

图 4.44　选择"高级"选项　　　　图 4.45　"高级筛选"对话框

3）选择条件区域

单击对话框"条件区域"右侧的文本框，然后选中条件区域"F2:G3"（不要包含标题行"条件区域"），此时文本框中自动加入了"Sheet1!Criteria"或"$F$2:$G$3"（见图 4.46）。

单击"确定"按钮，即可得到筛选结果（见图 4.47）。此时一些不符合条件的行被隐藏了。

图 4.46　选择条件区域

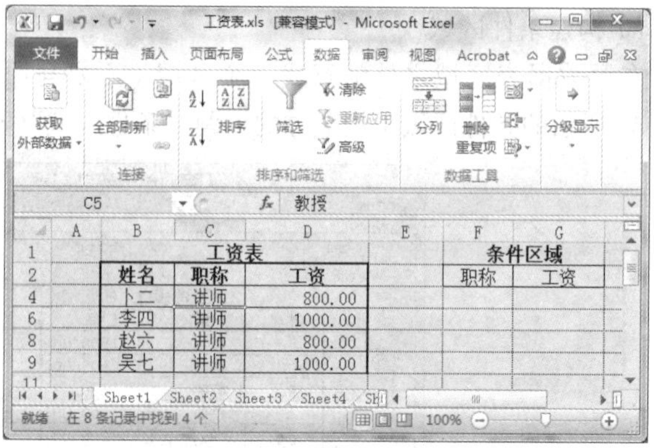

图 4.47　高级筛选结果

4）恢复原数据表

如果想要去掉筛选效果，复原到完整的原数据表，可以单击"数据"选项卡下"排序和筛选"选项组中"筛选"右侧的"清除"按钮即可完成。

4.7.3　分类汇总

分类汇总是数据处理中经常需要用到的一种操作，例如，在书店的图书月销售报表中需要知道本月每本图书的销售总量，而教材订购汇总表则需要将每个出版社的总销量和总金额统计出来，但是要统计的记录往往是分布在不同时段的，或者说在表中是不连续的，要靠人工在成千上万条记录中逐条记录查找并累计是非常烦琐并且极易出错的事情，好在 Excel 为用户提供了现成的工具，可以非常方便快捷地实现分类汇总工作。下面以"教材订购汇总表"为例（见图 4.48），介绍分类汇总的基本操作方法。

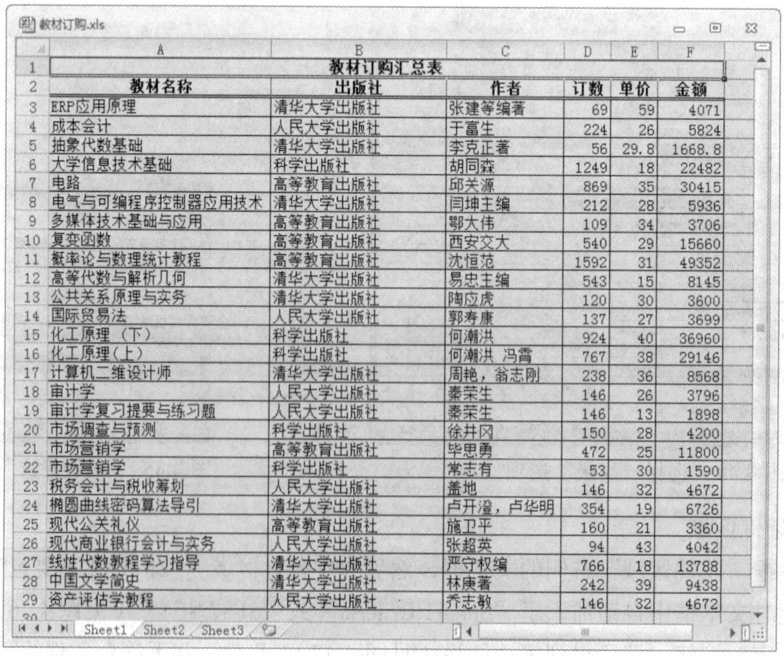

教材名称	出版社	作者	订数	单价	金额
ERP应用原理	清华大学出版社	张建等编著	69	59	4071
成本会计	人民大学出版社	于富生	224	26	5824
抽象代数基础	清华大学出版社	李克正著	56	29.8	1668.8
大学信息技术基础	科学出版社	胡同森	1249	18	22482
电路	高等教育出版社	邱关源	869	35	30415
电气与可编程序控制器应用技术	清华大学出版社	闫坤主编	212	28	5936
多媒体技术基础与应用	高等教育出版社	鄂大伟	109	34	3706
复变函数	高等教育出版社	西安交大	540	29	15660
概率论与数理统计教程	高等教育出版社	沈恒范	1592	31	49352
高等代数与解析几何	清华大学出版社	易忠主编	543	15	8145
公共关系原理与实务	清华大学出版社	陶应虎	120	30	3600
国际贸易法	清华大学出版社	郭寿康	137	27	3699
化工原理（下）	科学出版社	何潮洪	924	40	36960
化工原理（上）	科学出版社	何潮洪 冯霄	767	38	29146
计算机二维设计师	清华大学出版社	周艳，翁志刚	238	36	8568
审计学	人民大学出版社	秦荣生	146	26	3796
审计学复习提要与练习题	人民大学出版社	秦荣生	146	13	1898
市场调查与预测	清华大学出版社	徐井又	150	28	4200
市场营销学	高等教育出版社	毕思勇	472	25	11800
市场营销学	科学出版社	常志有	53	30	1590
税务会计与税收筹划	人民大学出版社	盖地	146	32	4672
椭圆曲线密码算法导引	清华大学出版社	卢开澄,卢华明	354	19	6726
现代公关礼仪	高等教育出版社	施卫平	160	21	3360
现代商业银行会计与实务	人民大学出版社	张超英	94	43	4042
线性代数教程学习指导	清华大学出版社	严守权编	766	18	13788
中国文学简史	清华大学出版社	林庚著	242	39	9438
资产评估学教程	人民大学出版社	乔志敏	146	32	4672

图 4.48　教材订购汇总表

1. 按分类关键字排序

首先将需要汇总的依据字段（例如"出版社"）进行排序（升序或降序均可），将同一关键字段的记录连续排列。如果同一关键字段的记录穿插在不同区域，那么将会进行多处汇总。排序后的表如图 4.49 所示。

图 4.49　按关键字段"出版社"排序的结果

2. 进入分类汇总对话框

选择"数据"选项卡下的"分级显示"选项组，单击右侧"分类汇总"按钮（见图 4.50），即可弹出"分类汇总"对话框（见图 4.51）。

图 4.50　单击"分类汇总"按钮

图 4.51　"分类汇总"对话框

3．分类汇总选项设置

在"分类字段"下拉列表中选择"出版社"，在"汇总方式"下拉列表中选择"求和"，在"选定汇总项"列表中选中"订数"和"金额"，单击"确定"按钮，分类汇总即告完成（见图 4.52）。

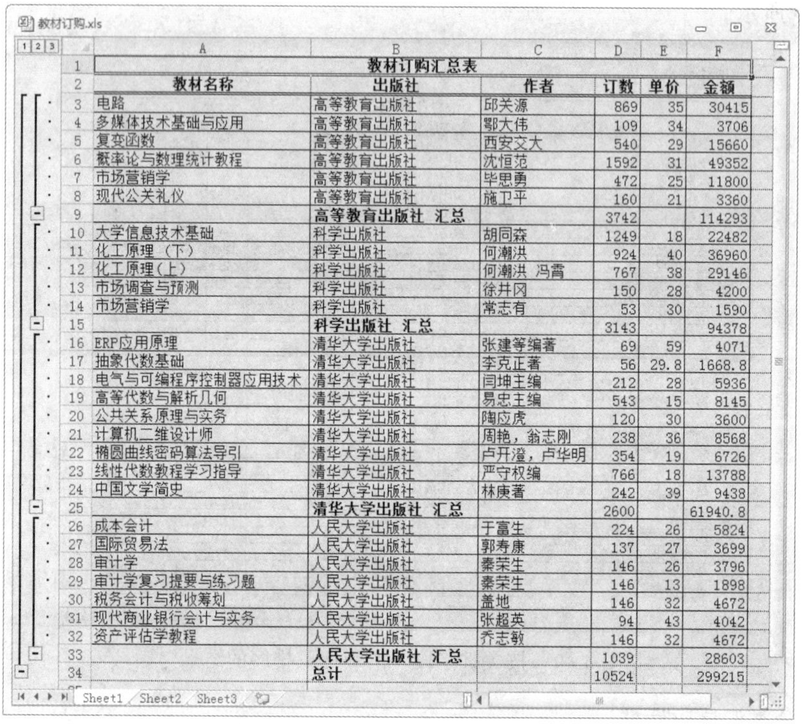

图 4.52　"分类汇总"结果

4．查看汇总结果

从图 4.52 中显示的分类汇总结果中可以看见"总计"（1 级）、"××出版社汇总"（2 级）和所有原始记录（3 级）共三个级别的内容。其实在实际工作中，只看见汇总结果就可以了，如果将大量的干扰显示结果的原始记录隐去，看上去会更清晰。操作方法很简单：单击左上方"显示级别"按钮组 1 2 3 中的按钮"2"，便可显示 2 级的分类汇总和 1 级的总计结果，而隐藏其他信息，看上去更清晰了（见图 4.53）。

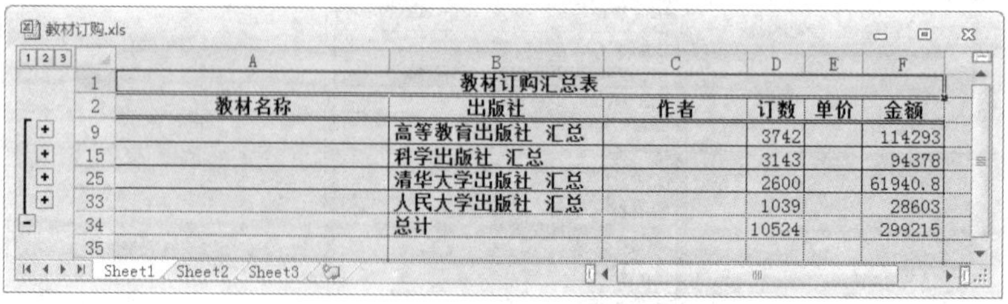

图 4.53　只显示 2 级以上汇总结果

单击级别 1 按钮可以仅显示"总计"行数据，单击级别 3 按钮则可以显示所有级别的数据和汇总数据。

4.8　数据图表化

图表具有较好的视觉效果，可方便用户查看数据的分布、走向、差异、交点、拐点和预测趋势。例如，用户不必分析工作表中的多个数据列就可以立即看到各个季度销售额的升降，或很方便地对实际销售额与销售计划进行比较。

Excel 2010 中创建图表的步骤非常简单，下面通过一个学生开支表来创建一个柱形图和一个饼图。

4.8.1　柱形图的创建

下面我们来创建一个柱形图（按月开支分布图）。

1. 原始数据表

图 4.54 所示为“我的开支统计表”的原始数据表。

我的开支统计表

开支项目	饮食费	书费	电话费	衣物	交通费	月度合计
1月	300	35	35	80	28	478
2月	150	28	80	120	85	463
3月	500	58	30	15	16	619
4月	500	23	35	25	12	595
5月	500	10	30	0	22	562
6月	500	18	30	40	10	598
7月	50	0	60	10	45	165
8月	0	0	50	35	45	130
9月	450	87	35	12	0	584
10月	400	22	30	28	18	498
11月	500	36	35	38	14	623
12月	500	16	30	27	8	581
分项合计	4350	333	480	430	303	5896

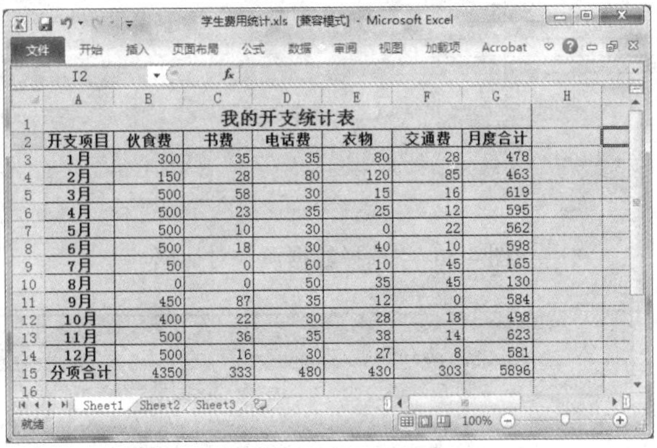

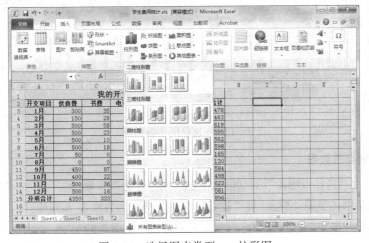

图 4.54　原始数据表

2. 选择图表类型

在“插入”选项卡下“图表”选项组中，有多种图表类型可供选择，单击“柱形图”，在展开的柱形图类型中选择“二维柱形图”（见图 4.55）。

图 4.55　选择图表类型——柱形图

3．选择图表数据源

先将图表占位符拖动到右下角，免得挡住数据区域。

单击"选择数据"选项，弹出"选择数据源"对话框（见图 4.56），单击"折叠"按钮，选择"电话费"列（包含列标题，不包含合计行），再取消折叠，即可看见图表的草稿（见图 4.57）。

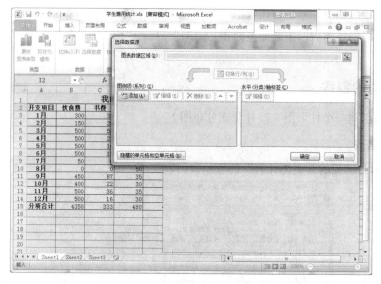

图 4.56 "选择数据源"对话框

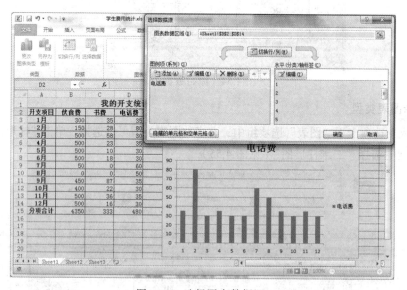

图 4.57 选择图表数据源

4．选择 X 轴标志数据

单击图 4.57 中"选择数据源"对话框右下部"水平（分类）轴标签"下的"编辑"按钮，弹出"轴标签"对话框（见图 4.58），将"轴标签区域"选定为数据表 A 列的"1 月～12 月"12 个单元格，单击两次"确定"按钮，即可看到完成的图表（见图 4.59）。

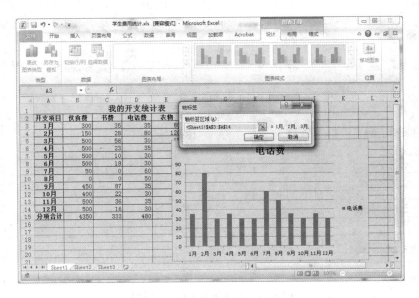

图 4.58 选择分类轴标签数据

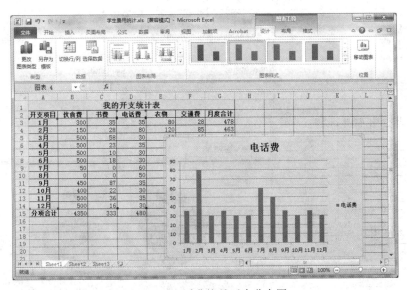

图 4.59 电话费按月开支分布图

4.8.2 三维饼图的创建

下面创建一个三维饼图（某月份分项开支比例图）。

1．选择图表类型

这次选择"分离式三维饼图"（见图 4.60）。

2．选择图表数据源

先将图表占位符移到右下角，避免挡住数据区域。

选择 2 月这一行数据（不包含月度合计），如图 4.61 所示。

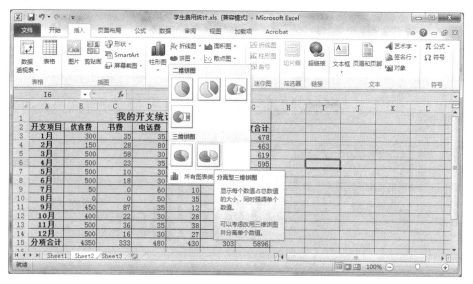

图 4.60 选择图表类型——饼图

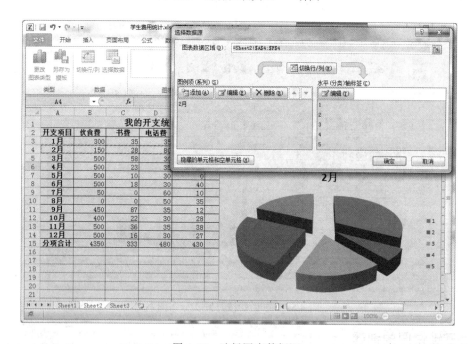

图 4.61 选择图表数据源

3. 选择分类轴标签

选中各项费用（B ~ F 列）的列标题行（见图 4.62）。

4. 改变图表布局

在"图表布局"选项组选择最左边的布局格式，预览新的图表布局样式（见图 4.63）。

5. 编辑图表标题

单击图表标题，将"2月"改写成"2月份分项开支比例图"（见图 4.64）。

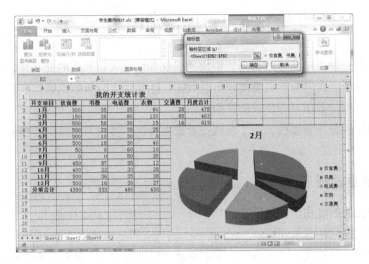

图 4.62 选择分类轴标签

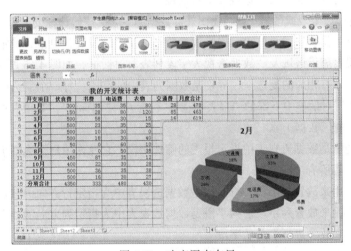

图 4.63 改变图表布局

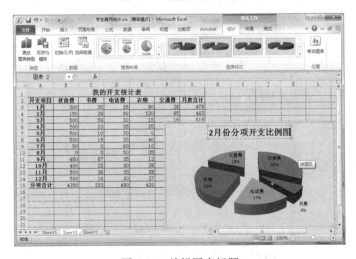

图 4.64 编辑图表标题

4.9 数据透视图表

数据透视表是一种可以从源数据列表中快速提取并汇总大量数据的交互式表格。使用数据透视表可以汇总、分析、浏览数据以及呈现汇总数据，达到深入分析数值数据、从不同的角度查看数据，并对相似数据的数值进行比较的目的。

通过数据透视表分析数据后，为了直观查看数据情况，可以根据数据透视表进一步制作数据透视图。

4.9.1 创建数据透视表

创建数据透视表的操作步骤如下：

（1）单击数据区域任意单元格。

（2）单击"插入"选项卡"表格"选项组中的"数据透视表"按钮，在下拉列表中选择"数据透视表"命令，打开"创建数据透视表"对话框。

（3）通过"选择一个表或区域"或"使用外部数据源"选项按钮选择要分析的数据，选择"新工作表"或"现有工作表"的具体单元格来放置数据透视表的位置，单击"确定"按钮。

（4）生成透视表显示区域及"数据透视表字段列表"对话框，如图 4.65 所示。

在对话框的上部有相应的复选框，分别是数据列表中的字段。每一个复选框都可拖动到"数据透视表字段列表"对话框中下部的"报表筛选""行标签""列标签""数值"相应区域内，作为数据透视表的行、列、数据。

- "报表筛选"是数据透视表中指定报表的筛选字段，它允许用户筛选整个数据透视表，以显示单项或者所有项的数据。
- "行标签"用来放置行字段。行字段是数据透视表中为指定行方向的数据清单的字段。
- "列标签"用来放置列字段。列字段是数据透视表中为指定列方向的数据清单的字段。
- "数值"用来放置进行汇总的字段。

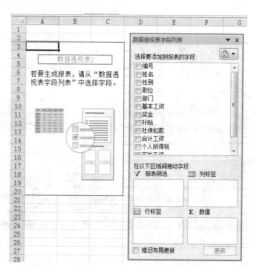

图 4.65 "数据透视表字段列表"对话框

若要删除已拖至表内的字段，只需将字段拖到表外即可，或取消对相应的复选框的勾选。或单击字段名右侧的下拉按钮，选择"删除字段"命令。数值区默认的是求和项。如果采用新的计算方式，可以单击"数值"文本框中要改变的字段，在弹出的快捷菜单中选择"值字段设置"命令，打开"值字段设置"对话框，进行相应的操作。

4.9.2　创建数据透视图

1. 基于工作表数据创建数据透视图

"数据透视图"的操作步骤和方法与"数据透视表"基本相似。只需在步骤（2）中选择"数据透视图"，其余操作步骤不变。

2. 基于现有的数据透视表创建数据透视图

单击数据透视表，单击"数据透视表工具|选项"选项卡"工具"选项组中的"数据透视图"按钮，打开"插入图表"对话框，如图 4.66 所示，在左侧窗格中选择需要的模板，在右侧窗格中选择具体样式，单击"确定"按钮，制作出数据透视图。

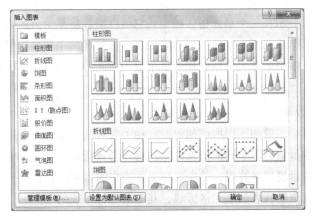

图 4.66　"插入图表"对话框

数据透视图和数据透视表是相互联系的，改变数据透视表，数据透视图将发生相应的变化；反之，若改变数据透视图，则数据透视表也发生相应变化。

4.10　模拟分析和运算

模拟分析是指通过更改某个单元格中的数值，来查看这些更改对工作表中引用该单元格的公式结果的影响的过程。通过使用模拟分析工具，可以在一个或多个公式中试用不同的几组值来分析所有不同的结果。

Excel 附带了三种模拟分析工具：方案管理器、模拟运算表和单变量求解。方案管理器和模拟运算表可获取一组输入值并确定可能的结果。单变量求解则是针对希望获取的结果确定生成该结果的可能的各项值。下面介绍单变量求解和模拟运算表。

4.10.1　单变量求解

单变量求解用来解决以下问题：先假定一个公式的计算结果是某个固定值，当其中引用的变量所在单元格应取值为多少时该结果才成立。实现单变量求解的基本方法如下：

（1）为实现单变量求解，在工作表中输入基础数据，构建求解公式并输入到数据表中。

（2）单击选择用于产生特定目标数值的公式所在的单元格。

（3）在"数据"选项卡上的"数据工具"选项组中，单击"模拟分析"按钮，从下拉列表中选择"单变量求解"命令，打开"单变量求解"对话框，如图 4.67 所示。

（4）在该对话框中设置用于单变量求解的各项参数。

（5）单击"确定"按钮，弹出"单变量求解状态"对话框，同时数据区域中的可变单元格中显示单变量求解值。

（6）单击"单变量求解状态"对话框中的"确定"按钮，接收计算结果。

图 4.67　"单变量求解"对话框

4.10.2　模拟运算表

模拟运算表的结果显示在一个单元格区域中，它可以测算将某个公式中一个或两个变量替换成不同值时对公式计算结果的影响。模拟运算表最多可以处理两个变量，但可以获取与这些变量相关的众多不同的值。模拟运算表依据处理变量个数的不同，分为单变量模拟运算表和双变量模拟运算表两种类型。

1．单变量模拟运算表

若要测试公式中一个变量的不同取值如何改变相关公式的结果，可使用单变量模拟运算表。在单列或单行中输入变量值后，不同的计算结果便会在公式所在的列或行中显示。

（1）为了创建单变量模拟运算表，首先要在工作表中输入基础数据与公式。

（2）选择要创建模拟运算表的单元格区域，其中第一行（或第一列）需要包含变量单元格和公式单元格。

（3）在"数据"选项卡上的"数据工具"选项组中，单击"模拟分析"按钮，从下拉列表中选择"模拟运算表"命令，打开图 4.68 所示的"模拟运算表"对话框。

（4）指定变量值所在的单元格。如果模拟运算表变量值输入在一列中，应在"输入引用列的单元格"框中选择第一个变量值所在的位置。如果模拟运算表变量值输入在一行中，应在"输入引用行的单元格"框中选择第一个变量值所在的位置。

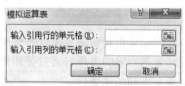

（5）单击"确定"按钮，选定区域中自动生成模拟运算表。在指定的引用变量值的单元格中依次输入不同的值，右侧将根据设定公式测算不同的目标值。

图 4.68　"模拟运算表"对话框

2．双变量模拟运算表

若要测试公式中两个变量的不同取值如何改变相关公式的结果，可使用双变量模拟运算表。在单列和单行中分别输入两个变量值后，计算结果便会在公式所在区域中显示。

（1）为了创建双变量模拟运算表，首先要在工作表中输入基础数据与公式，其中所构建的公式至少需要包括两个单元格引用。

（2）输入变量值。在公式所在的行从左向右输入一个变量的系列值，沿公式所在的列由上向下输入另一个变量的系列值。

（3）选择要创建模拟运算表的单元格区域，其中第一行和第一列需要包含公式单元格和变量值。公式应位于所选区域的左上角。

（4）在"数据"选项卡上的"数据工具"选项组中，单击"模拟分析"按钮，从下拉列表中选择"模拟运算表"命令，打开"模拟运算表"对话框。

（5）依次指定公式中所引用的行列变量值所在的单元格。

（6）单击"确定"按钮，选定区域中自动生成一个模拟运算表。此时，当更改模拟运算表中的单价或销量时，其对应的利润测算值就会发生变化。

4.11　宏的简单应用

宏是可运行任意次数的一个操作或一组操作，可用来自动执行重复任务。如果总是需要在 Excel 中重复执行某个任务，则可以录制一个宏来自动执行这些任务。在创建一个宏后，可以编辑宏，对其工作方式进行轻微更改。

1．录制宏前的准备工作

宏作为一类特殊的应用，在创建并运行之前，需要进行一些准备工作。

1）显示"开发工具"选项卡

录制宏需要用到"开发工具"选项卡，但是默认情况下，"开发工具"选项卡不会显示，因此需要进行下列设置。

（1）在"文件"选项卡上单击"选项"，打开"Excel 选项"对话框。

（2）在左侧的类别列表中单击"自定义功能区"，在右上方的"自定义功能区"下拉列表中选择"主选项卡"。

（3）在右侧的"主选项卡"列表中，单击选中"开发工具"复选框，如图 4.69 所示。

（4）单击"确定"按钮，"开发工具"选项卡显示在功能区中。

2）临时启用所有宏

由于运行某些宏可能会引发潜在的安全风险，具有恶意企图的人员（也称为黑客）可以在文件中引入破坏性的宏，从而导致在计算机或网络中传播病毒。因此，默认情况下，Excel 禁用宏。为了能够录制并运行宏，可以设置临时启用宏，方法是：

（1）在"开发工具"选项卡上的"代码"选项组中，单击"宏安全性"按钮，打开图 4.70 所示的"信任中心"对话框。

（2）在左侧的类别列表中选择"宏设置"，在右侧的"宏设置"区域下选中"启用所有宏"单选按钮。

（3）单击"确定"按钮。

图 4.69　在"Excel 选项"对话框中设置显示"开发工具"主选项卡

2．录制宏

录制宏的过程就是记录鼠标单击操作和键盘键击操作的过程。录制宏时，宏录制器会记录下宏执行操作时所需的一切步骤，但是记录的步骤中不包括在功能区上导航的步骤。

（1）打开需要记录宏的工作簿文档，在"开发工具"选项卡上的"代码"选项组中，单击"录制宏"按钮，打开图 4.71 所示的"录制新宏"对话框。

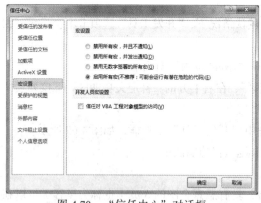

图 4.70　"信任中心"对话框

图 4.71　"录制新宏"对话框

（2）在"宏名"下方的文本框中，为将要录制的宏输入一个名称。

（3）在"保存在"下拉列表中选择要用来保存宏的位置。

（4）在"说明"文本框中，可以输入对该宏功能的简单描述。

（5）单击"确定"按钮，退出对话框，同时进入宏录制过程。

（6）运用鼠标、键盘对工作表中的数据进行各项操作，这些操作过程均被记录到宏中。

（7）操作执行完毕后，单击"开发工具"选项卡"代码"选项组中的"停止录制"按钮。

（8）将工作簿文件保存为可以运行宏的格式：在"开始"选项卡上单击"另存为"命令，打开"另存为"对话框，在"保存类型"下拉列表中选择"Excel 启用宏的工作簿（*.xlsm）"，输入文件名，然后单击"保存"按钮。

3．运行宏

（1）打开包含宏的工作簿，选择运行宏的工作表（注意：包含宏的文档以.xlsm 为扩展名）。

（2）在"开发工具"选项卡上的"代码"选项组中，单击"宏"按钮，打开"宏"对话框。

（3）在"宏名"列表框中单击要运行的宏。

（4）单击"执行"按钮，Excel 自动执行宏并显示相应结果。

4．将宏分配给对象、图形或控件

（1）打开包含宏的工作簿，在工作表的适当位置创建对象、图形或控件。

（2）右击该对象、图形或控件，从弹出的快捷菜单中选择"指定宏"命令，打开"指定宏"对话框。

（3）在"指定宏"对话框的"宏名"列表框中，选择要分配的宏，然后单击"确定"按钮。

（4）单击已指定宏的对象、图形或控件，即可运行宏。

5．删除宏

不需要的宏可以删除，基本操作方法是：

（1）打开包含有宏的工作簿。

（2）在"开发工具"选项卡上的"代码"选项组中，单击"宏"按钮，打开"宏"对话框。

（3）在"位置"下拉列表中，选择含有需要删除宏的工作簿。

（4）在"宏名"列表框中，单击要删除的宏名称。

（5）单击"删除"按钮，弹出一个提示对话框。

（6）单击"是"按钮，删除指定的宏。

第 **5** 章 | 演示文稿及高级应用

演示文稿是指把静态文件内容制作成一套可浏览的动态幻灯片，使复杂内容变得通俗易懂，更加生动，给人留下更为深刻的印象。完整的演示文稿一般包含片头动画、封面、前言、目录、过渡页、图表页、图片页、文字页、封底、片尾动画等。

5.1 概　　述

目前，国内外用于制作演示文稿的软件有很多，除了微软公司的 PowerPoint 之外，还有 Keynote、LibreOffice、Prezi、Focusky、斧子演示、iPresst、金山公司的 WPS 和在线幻灯片等。本章以 Microsoft PowerPoint 2010 为例，介绍演示文稿及高级应用。

5.1.1　功能概述

PowerPoint 2010 是微软公司开发的办公自动化应用软件 Office 组件之一，它可以方便地组织和创建幻灯片、备注、讲义和大纲等多种形象生动、主次分明的演示文稿，如教师授课使用的讲义文稿、介绍公司概况的演讲文稿、用于产品展示的演示文稿等。

利用 PowerPoint 2010 制作的演示文稿具有文字、图形、图像、动画、声音以及视频剪辑等各种丰富多彩的多媒体对象，是一个非常实用的办公应用软件。

PowerPoint 主要功能如图 5.1 所示。

从图 5.1 中可见，PowerPoint 功能主要有演示文稿的创建、幻灯片的编辑、元素的插入（包括文本、符号、图形、图表、动画和多媒体）、演示文稿主题与背景的设计、幻灯片切换及效果的设计、演示文稿放映设置、演示文稿的保存发送与打印等。

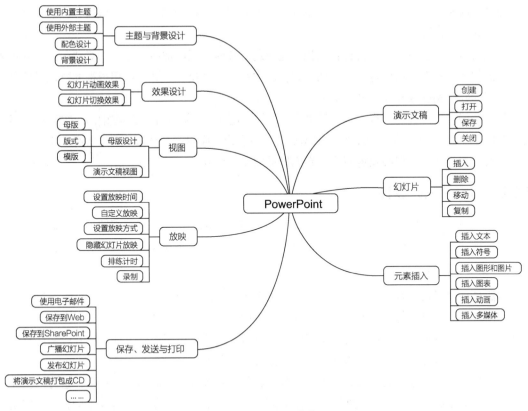

图 5.1　PowerPoint 功能图

5.1.2　高级功能

PowerPoint 的整体操作趋于简单，绝大部分基础功能，用户都可以轻松地理解和掌握。但是 PowerPoint 中也包含很多高级功能，这些功能使得演示文稿变得更加生动有趣。

PowerPoint 2010 的主要高级功能有以下几点：

（1）输入和编辑文本，绘制图形，插入文本框、图片、声音和艺术字。

（2）认识主题、母版和模板，使用幻灯片母版，应用主题，选择与编辑模板。

（3）利用超链接组织演示文稿的内容，制作具有交互功能的演示文稿。

（4）动画效果的制作，播放效果的设置，演示文稿的放映。

（5）通过转换文件格式，打包演示文稿，使演示文稿适应不同的播放环境。

5.2　文　稿　布　局

文稿布局是制作演示文稿的基础，可以简单概括为版式设计、主题设计和背景设计三个方面。

5.2.1　幻灯片版式设计

幻灯片版式是指幻灯片中各种对象的整体布局，它包括对象的种类和对象与对象之间的相对位置。漂亮和合理的版式会大大加强幻灯片的吸引力和说服力，而且选择合适的版式可以减少很多工作量，起到事半功倍的效果。若找不到合适的版式，也可选择"空白"版式，然后通过插入对象的方式自己设计版式。

版式由多种占位符组成，占位符是指创建新幻灯片时出现的虚线方框。幻灯片版式包含各种组合形式的文本和对象占位符，可以调整它们的大小和移动位置，并可以用边框和颜色设置其格式。可将标题、副标题和正文文字输入到文本占位符内。

用户在编辑幻灯片的过程中，也可单击"开始"选项卡"幻灯片"选项组中的"版式"按钮，在打开的 11 种版式中选择版式，并可根据需要进行更改。应用一个新版式时，所有的文本和对象仍都保留在幻灯片中，但必须重新排列它们以适应新的版式。

5.2.2　幻灯片主题设计

在 PowerPoint 2010 演示文稿中，主题是模板、母版、配色、文字格式和图形效果的统称。因此，主题设计包括了母版、模板的设计，以及配色方案、文字格式及图形效果的设置。

1. 幻灯片的母版设计

母版是存储了包括背景、颜色、字体、效果等主题信息和包括占位符大小、位置等版式信息的特殊幻灯片。它可以使用户方便地设置演示文稿中所有幻灯片的共用元素。如用户要在每张幻灯片的固定位置放置某个图形，可直接将它放在母版上，这样该图形会出现在所有应用此母版的幻灯片中。母版有幻灯片母版、讲义母版、备注母版三种类型。

幻灯片母版是最常用的母版，是由主母版和若干版式子母版组成的成套系列，它可以预先设定幻灯片中文本的字体、字号、颜色（包括背景色）、阴影和项目符号样式等要素的格式。应用主题可以使每张幻灯片具有统一的格式。一套母板中，主母版的设置会影响所有幻灯片，而版式子母版的设置只影响使用该版式的幻灯片。一旦修改了幻灯片母版中的某项格式，则所有基于这一母版的幻灯片格式也将随之改变。一个演示文稿中可以设置风格不同的多套母版。

讲义母版用于设置幻灯片按讲义形式打印的格式，可设置一页中打印的幻灯片数量、页眉格式等。

备注母版用于设置幻灯片按备注页形式打印的格式。

下面以最常用的"幻灯片母版"为例，来说明母版的建立和使用。

1）进入母版编辑状态

单击"视图"选项卡"母版视图"选项组中的"幻灯片母版"按钮，此时"幻灯片母版"选项卡被激活，演示文稿窗口以图 5.2 所示的"幻灯片母版"视图方式显示。此时，可通过"幻灯片母版"选项卡中的功能按钮或右键快捷菜单对幻灯片母版进行编辑操作。

注意：窗口左侧大纲窗格显示的一系列幻灯片母版缩略图中，一张较大的缩略图即为主母版，其余则为版式子母版。

2）修改母版字体设置

单击"单击此处编辑母版标题样式"字符，然后再单击"开始"选项卡，在该选项卡中选择"字体"选项组、"段落"选项组对应的功能按钮进行设置；或右击，在随后弹出的"字体"工具栏和快捷菜单中选择操作。在设置好相应的对话框选项后单击"确定"按钮返回主窗口。

用同样方法可以设置"单击此处编辑母版文本样式"及下面的"第二级、第三级"等字符。

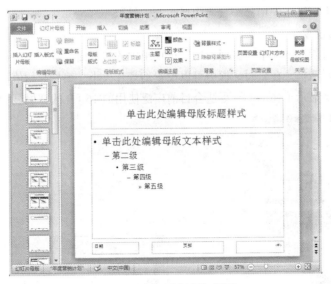

图 5.2 "幻灯片母版"视图

3）修改"页眉和页脚"

直接在母版的日期、页脚、数字占位符中输入文本并设置格式。若要输入系统的日期时间并设置显示格式、幻灯片编号，则需要单击"插入"选项卡"文本"选项组中的"页眉和页脚"按钮，打开图 5.3 所示的"页眉和页脚"对话框，在"幻灯片"选项卡中进行设置。

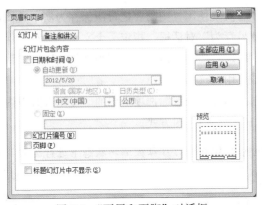

图 5.3 "页眉和页脚"对话框

4）在母版中插入图片

在母版中插入图片和在幻灯片插入图片，方法上没有区别，但在主母版上插入的图片会出现在所有基于该母版的幻灯片上，因此常常会把标志性的图片或图标放置在主母版中。例如 Logo标志常放置在母版的左上角或右上角。

5）在母版中应用主题

单击"幻灯片母版"选项卡"编辑主题"选项组中的"主题"下拉按钮，展开图 5.4 所示的"所有主题"下拉列表。鼠标指针停留在某主题选项上，将会显示该主题名称的提示，编辑区母版也将显示应用该主题的预览效果。单击所选中的主题，则所有的幻灯片上都会应用该主题；右击下拉列表中的主题，并在弹出的快捷菜单中选择"应用于所选幻灯片母版"，则被选中的幻灯片将应用该主题，并在大纲窗格中增添一套应用该主题的母版。

6）母版的页面设置

单击"幻灯片母版"选项卡"页面设置"选项组中的"页面设置"按钮，打开图 5.5 所示幻灯片"页面设置"对话框。在该对话框中可以设置幻灯片大小、编号起始值等项目。特别是选择幻灯片大小为"全屏显示（16∶9）"更适合目前广泛使用的 16∶9 的宽屏显示屏。

图 5.4　"所有主题"下拉列表

图 5.5　"页面设置"对话框

7）将母版保存为模板

要保存母版供日后需要时反复使用，则需要把母版保存为演示文稿模板。单击"文件"选项卡"另存为"命令，打开"另存为"对话框，指定一个文件名，在"保存类型"下拉列表中选择"PowerPoint 模板"，单击"确定"按钮。系统将该模板文件放置在默认的用户模板文件夹中，以后可在"我的模板"中打开使用。

全部修改完成后，单击"幻灯片母版"选项卡中的"关闭母版视图"按钮，或单击状态栏中的视图切换按钮，返回到幻灯片普通视图方式。

注意：向母板插入的对象只能在幻灯片母板编辑状态下进行编辑，不能在其他视图中编辑。

2. 幻灯片中应用配色

配色是制作演示文稿中的重要环节。所谓配色就是合理搭配各种颜色，使其在视觉效果上赏心悦目。配色决定了演示文稿的风格和整体效果。

演示文稿中，幻灯片的配色方案是由"主题"决定的。因此，幻灯片中应用配色方案可以使用系统内置的主题或主题中的"颜色"设置进行整体配色，也可以在修改"主题"颜色基础上，应用"新建主题颜色"自定义配色。

1）使用系统内置的主题或主题中的"颜色"配色

在"设计"选项卡"主题"选项组中，显示了许多系统内置的"主题"，单击组内滚动条下方的"其他"按钮，展开图 5.4"所有主题"下拉列表。与前面介绍的"在母版中应用主题"方法一样应用所选主题，只是当前是在"普通视图"中进行的操作。

应用"主题"，会对幻灯片中的颜色、字体、效果整体起作用，若仅对配色进行设置，只需单

击"主题"选项组中"颜色"下拉按钮，展开图 5.6 所示"颜色"下拉列表，在该列表中列出了
"内置"和"自 Office.com"主题的配色方案及其名称。鼠标指针停留在某配色方案选项上，幻灯
片也将显示应用该配色方案的预览效果。单击某配色方案选项，将应用该配色方案。右击该配色
方案，则在快捷菜单中可选择该配色方案的应用范围。

　　2）应用"新建主题颜色"自定义配色

　　单击图 5.6 所示"颜色"下拉列表中的"新建主题颜色"命令，打开图 5.7 所示"新建主题
颜色"对话框。在"主题颜色"栏中包含四种文本/背景颜色、六种强调文字颜色以及两种超链接
颜色。在"示例"栏中可预览文本字体样式和颜色的显示效果。

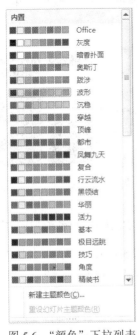

图 5.6　"颜色"下拉列表

图 5.7　"新建主题颜色"对话框

　　单击要更改的项目"颜色"右边的下拉按钮，在展开的
图 5.8 所示"主题颜色"列表中也可以更改"主题颜色"，或
单击"主题颜色"列表中的"其他颜色"命令，在"颜色"
对话框中选择更多颜色。

　　逐项更改后，在"名称"文本框中为主题颜色配色命名。
单击"保存"完成自定义配色。此时，在"颜色"下拉列表
中将增加"自定义"颜色列表。右击，则在快捷菜单中可选
择自定义配色方案的应用范围或将其删除。

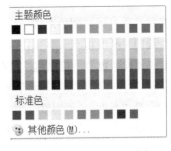

图 5.8　"主题颜色"列表

　　3）保存更改后的主题

　　要保存对现有主题的颜色、字体或者线条与填充效果做出的更改，便于将该主题应用到其他
文档或演示文稿，可以在展开的如图 5.4 所示"所有主题"列表选项中，单击"保存当前主题"
命令。打开"保存当前主题"对话框，指定一个文件名，在"保存类型"下拉列表中选择"Office
Theme"，即扩展名为".thmx"的文件。单击"保存"按钮。系统将该主题自动添加到"设计"选

项卡"主题"选项组中的自定义主题列表中。

注意：在演示文稿中一旦应用主题配色，也将更改演示文稿的幻灯片母版，使整个演示文稿进行统一配色。

5.2.3　幻灯片背景设计

背景是幻灯片的风格体现。设置背景需要突出背景的衬托作用，处理好与前景对象的和谐关系。背景既可以在母版中设置，也可以根据需要为不同幻灯片单独设置。

设置幻灯片背景可以套用"背景样式"，也可以通过填充方式将颜色、图案或纹理、图片等设置为幻灯片背景。

1. 套用"背景样式"设置幻灯片背景

选定需要添加背景的幻灯片，单击"设计"选项卡"背景"选项组中的"背景样式"按钮，展开图 5.9 所示"背景样式"列表。在该列表中可以选择当前系统主题中预设的背景色。右击选中的背景色，在快捷菜单中可选择背景色的应用范围。

2. 通过填充方式设置幻灯片背景

选定需要添加背景的幻灯片，单击图 5.9 所示"背景样式"列表中的"设置背景格式"命令；或右击幻

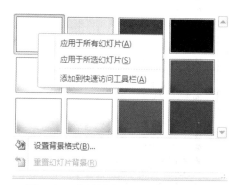

图 5.9　"背景样式"列表和快捷菜单

灯片空白区域，在快捷菜单选择"设置背景格式"命令，都将打开图 5.10 所示"设置背景格式"对话框。在该对话框"填充"栏中的各个设置选项，就是用于为幻灯片指定不同的背景，改变其显示效果，设置其格式等操作。

填充方式共有"纯色填充""渐变填充""图片或纹理填充""图案填充"等四种供选择，默认为"纯色填充"。选中不同填充方式，"填充"栏中所要设置的项目也有所不同。

选中"纯色填充"，则单击"颜色"下拉按钮，显示与图 5.8 所示一致的"主题颜色"列表，与前面选择自定义配色方法一样，选择某种颜色，即成为幻灯片背景色。

选中"渐变填充"，则出现图 5.11 所示"设置背景格式"对话框之"渐变填充"的设置项目。单击"预设颜色"下拉按钮，可在图 5.11 中所显示的具有不同名称的预设颜色中选择背景。设置"类型""方向""角度"等将影响背景色的填充方式。设置"颜色"，将所选颜色添加为背景色成分。设置"亮度""透明度"用于调整背景的显示效果。

选中"图片或纹理填充"，则出现图 5.12 所示"设置背景格式"对话框之"图片或纹理填充"的设置项目，此时，幻灯片背景将默认设置为"纸莎草纸"的纹理图案。单击"纹理"按钮，可选择其他已命名的纹理图案作背景。单击"文件"按钮，可选择图片文件作为背景。单击"剪贴板"按钮，将剪贴板中的图片或图形填充为背景。单击"剪贴画"按钮，可选择系统中的剪贴画作为背景图案。

选中"图案填充"，则出现图 5.13 所示"设置背景格式"对话框之"图案填充"的设置项目。

图 5.10　"设置背景格式"对话框

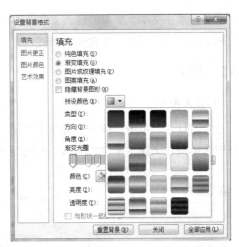

图 5.11　"设置背景格式"对话框之"渐变填充"

图 5.12　"设置背景格式"对话框之"图片或纹理填充"

图 5.13　"设置背景格式"对话框之"图案填充"

　　至此，若单击"关闭"命令按钮，则完成背景设置并应用于当前编辑的幻灯片。若单击"全部应用"命令按钮，则将设置的背景应用于演示文稿中的所用幻灯片。若单击"重置背景"命令按钮，将背景恢复为该幻灯片"主题"预设的背景。

　　注意：若未选中"设置背景格式"对话框"填充"栏中的"隐藏背景图形"复选框，设置的背景效果可能被"主题"中的背景图形遮盖而不可见。

5.3　素　材　处　理

　　在幻灯片中插入图片、形状、艺术字、SmartArt 图形、表格、图表等素材，甚至还可以插入伴奏配音、表现视频……使整个演示文稿美观有趣、生动活泼、有声有色。

5.3.1　文本

　　在幻灯片中可输入的文本有四种类型：文本占位符中的文本、文本框中的文本、自选图形中的文本和艺术字文本。文本的输入、编辑和格式设置操作在普通视图中进行。其操作方法与 Word 中的同类操作是相同的，在此不再赘述。

5.3.2　图片

1. 插入图片

选中幻灯片，单击"插入"选项卡"图像"选项组中的"图片"按钮，在弹出的浏览文件对话框中选择图片文件，单击"插入"按钮即可将图片插入到幻灯片中，如图 5.14 所示。

图 5.14　通过功能区按钮插入图片

在很多版式的幻灯片中还提供占位符，例如，图 5.15 所示为一张"两栏内容"版式的幻灯片，在"单击此处添加文本"的占位符中，除可输入文本外，还可单击一些图标，分别插入表格、图表、SmartArt 图形、图片、剪贴画、视频等。单击其中的"插入来自文件的图片"的图标，也将打开"浏览文件"对话框，插入文件中的图片。

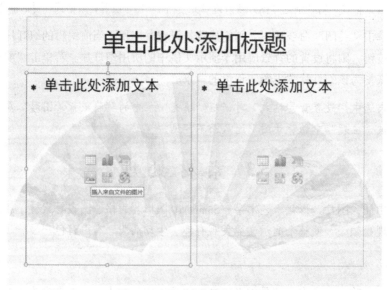

图 5.15　通过占位符插入图片

除插入文件中的图片外，还可通过"复制+粘贴"的方法将位于其他文档（如 Word 文档）中的图片直接粘贴到幻灯片中。另外，如果缺少合适的图片素材，还可以到 Office 剪贴画中找。在"插入"选项卡"图像"选项组中单击"剪贴画"按钮，打开"剪贴画"任务窗格，单击"搜索"按钮（如不输入任何内容直接单击"搜索"按钮，将搜索出所有剪贴画），然后在下方搜索出的剪贴画中单击所需剪贴画，即可将它插入到幻灯片中。

2．设置图片格式

在 PowerPoint 中，对图片的很多操作与在 Word 文档中的类似，例如，直接拖动图片本身可调整图片位置、拖动图片四周的控点可调整图片大小、拖动上方绿色控点可旋转图片。单击"图片工具|格式"选项卡"大小"选项组右下角的对话框启动器 ，打开"设置图片格式"对话框，对图片大小和位置及旋转角度等可做精确调整。如图 5.16 所示，在对话框的"大小"选项卡中，如选中了"锁定纵横比"复选框，则在更改图片高度（宽度）的同时，宽度（高度）会自动变化，以适应纵横比例。要分别设置高度和宽度，应先取消选中"锁定纵横比"，然后再分别设置。

图 5.16 "设置图片格式"对话框

5.3.3 相册

如需插入大量图片，可使用相册功能：PowerPoint 会自动将图片分配到每一张幻灯片中。

在"插入"选项卡"图像"选项组中单击"相册"按钮，从下拉列表中选择"新建相册"。弹出"相册"对话框，如图 5.17 所示。单击"文件/磁盘"按钮，弹出"浏览文件"对话框。在对话框中选择图片（可按住【Shift】键选择连续的多张图片，按住【Ctrl】键选择不连续的多张图片）。例如，这里同时选中 10 张图片，单击"插入"按钮，返回到"相册"对话框。PowerPoint 可以将每张图片单独放在一张幻灯片中，也可以在一张幻灯片中包含多张图片。这里希望在一张幻灯片中包含 4 张图片，在"相册"对话框的"图片版式"下拉框中选择"4 张图片"。在"相框形状"中选择一种图片效果，如"居中矩形阴影"。单击"创建"按钮，则自动创建了一个新的演示文稿，其中创建了包含这些图片的若干张幻灯片，并创建了标题幻灯片，创建相册后的效果如图 5.18 所示。

图 5.17　新建相册

图 5.18　创建相册后的效果

5.3.4　SmartArt 图形

SmartArt 图形是预先组合并设置好样式的一组文本框、形状、线条灯，在幻灯片中使用 SmartArt 图形，比使用单纯的文字更能加强图文效果和丰富幻灯片的表现力。

1. 插入 SmartArt 图形

在 PowerPoint 中插入 SmartArt 图形和对 SmartArt 图形的编辑修饰，与在 Word 文档中是类似的。这里举例说明。

在"插入"选项卡"插图"选项组中单击"SmartArt"按钮（在某些具有占位符版式的幻灯片中，也可单击占位符中的"插入 SmartArt 图形"的图标），然后在弹出的"选择 SmartArt 图形"对话框中选择一种 SmartArt 图形。例如，如图 5.19 所示，插入了"列表"中的"垂直框列表"的 SmartArt 图形，并通过"SmartArt 工具|设计"选项卡"添加形状"按钮的"在后面添加形状"添加一个形状。在 4 个形状中依次输入"第一代计算机"～"第四代计算机"。

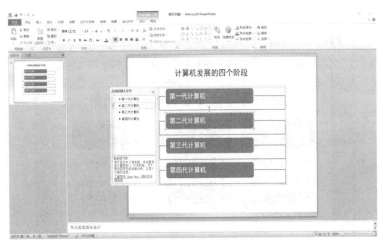

图 5.19　插入 SmartArt 图形

与在 Word 中的操作相同，在"开始"选项卡"字体"选项组中可设置 SmartArt 图形中文字的字体、字号、颜色等，在"SmartArt 工具|设计"选项卡"SmartArt 样式"选项组中，可更改 SmartArt图形的颜色和样式。

2. SmartArt 图形的转换

在 PowerPoint 中，可将文本直接转换为 SmartArt 图形。如图 5.20 所示，已在文本框中输入了若干分级文本。选中这些文本，单击"开始"选项卡"段落"选项组中的"转换为 SmartArt"按钮（或右击，从快捷菜中选择"转换为 SmartArt"），从下拉列表中选择"其他 SmartArt 图形"命令，同样弹出"选择 SmartArt 图形"对话框。从对话框中选择一种类型，如"列表"中的"水平项目符号列表"，单击"确定"按钮，文本即被转换为 SmartArt 图形。再为 SmartArt 图形做一些修饰，如在"SmartArt 工具|设计"选项卡"SmartArt 样式"选项组中单击"中等效果"，如图 5.21 所示。

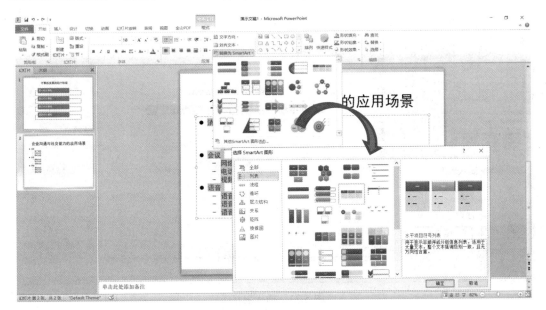

图 5.20　文本转换为 SmartArt 图形

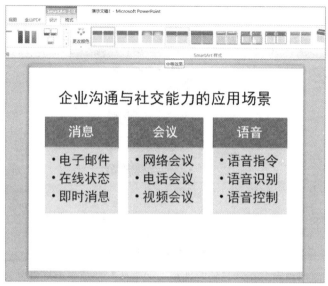

图 5.21　转换后并设置样式为中等效果

5.3.5　表格和图表

在幻灯片中插入表格及对表格的编辑修改，与在 Word 文档中是类似的。如图 5.22 所示，单击"插入"选项卡"表格"选项组中的"表格"按钮，在下拉列表的预设方格内单击所需的行列数的对应方格；或者单击"插入表格"命令，在弹出的"插入表格"对话框中输入行数和列数。例如，图 5.22 所示为在幻灯片中插入了一个 6 行 5 列的表格，然后可以在表格中输入文本，如依次输入各列标题为"图书名称""出版社""作者""定价""销量"。在幻灯片中也可以通过单击占位符中的"插入表格"图标插入表格。

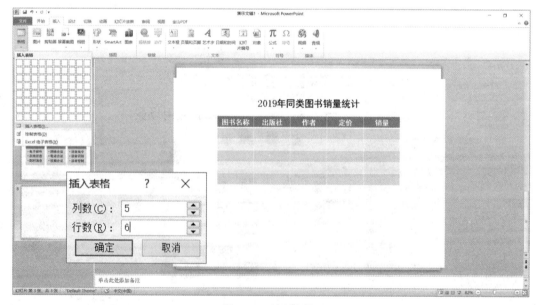

图 5.22　插入表格

5.3.6 音频和视频

1. 插入音频

在幻灯片中添加声音能够起到吸引观众注意力和增加新鲜感的目的。然而，在幻灯片中的声音不能用得过多，否则会喧宾夺主，成为噪声。

声音既可以来自声音文件，也可以来自剪辑管理器。插入文件中的声音与插入图片的方法类似，插入剪辑管理器中的声音与插入剪贴画的方法类似。

例如，选中一张幻灯片，在"插入"选项卡"媒体"选项组中单击"音频"按钮的下拉按钮，从下拉列表中选择"文件中的音频"，如图 5.23 所示。在弹出的浏览文件对话框中选择声音文件，如 BackMusic.mp3，单击"插入"按钮。在幻灯片中出现一个音频图标，表示声音已经插入。

图 5.23 插入音频

音频图标也类似一个图片，可移动它的位置或改变其大小。当选中音频图标时，在它旁边还出现用于预览声音的播放控制条，如图 5.24 所示。单击该播放条中的播放按钮，就可以播放声音，预览声音的效果了。

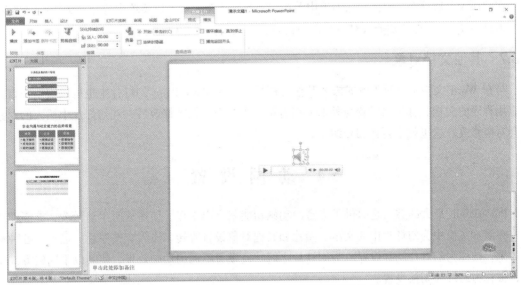

图 5.24 插入音频后的图标和"音频工具|播放"选项卡

要在幻灯片放映时播放声音，还要进行一些设置。单击选中插入到幻灯片中的音频图标，在"音频工具|播放"选项卡"音频选项"选项组的"开始"列表中设置此音频开始播放的方式，其中包含的 3 个选项及含义见表 5.1。

表5.1 "音频选项"组"开始"列表中各选项的含义

选　项	含　义
自动	时间线上的上一动画结束后（如没有上一动画，则是本张幻灯片开始放映后），自动开始播放声音，但切换到下一张幻灯片播放即停止
单击时	时间线上的上一动画结束后（如没有上一动画，则是本张幻灯片开始放映后），并不自动开始播放声音，还需再单击鼠标才开始播放声音
跨幻灯片播放	时间线上的上一动画结束后（如没有上一动画，则是本张幻灯片开始放映后），自动开始播放声音，切换到下一张幻灯片声音也不停止，一直播放到演示文稿的所有幻灯片放映结束或整个声音播放完毕

在幻灯片放映结束前，如果声音已经播放完，则声音还是要停止的，尤其对于时长比较短的声音。如果希望声音在播放一遍结束后还能再重新播放，循环播放一直到所有幻灯片都放映结束，则需选中该组中的"循环播放，直到停止"复选框，这样即使对于时长比较短的声音，也能保证全程放映幻灯片时都有背景音乐。

音频图标 如果没有被放到幻灯片外，是会一直显示的。如果在放映时自动播放音频，则往往不希望再显示图标，此时可选中该组中的"放映时隐藏"。

综上，如果希望在幻灯片开始放映时就播放声音，切换到下一张幻灯片时播放也不停止，在播放全程都有持续的背景声音，一般应在"开始"列表中选择"跨幻灯片播放"，并选中"放映时隐藏"。如果音频时长较短，为使全程都有声音，还需选中"循环播放，直到停止"。

2．插入视频

在"插入"选项卡"媒体"选项组中单击"视频"按钮，从下拉菜单中选择"文件中的视频"或"剪贴画视频"，可分别插入对应来源的视频，方法与插入音频类似。

5.3.7　其他文档对象

与在 Word 文档中以对象方式嵌入其他文档类似，在 PowerPoint 幻灯片中也可以嵌入来自其他应用程序的文档，且可以设置与外部文档链接：当外部文档被修改后，在幻灯片中插入的对象也会对应修改。这里就不再详细介绍了。

5.4　动　画　设　置

PowerPoint 最大的魅力是提供了丰富的动画功能来突出重点，使播放时生动活泼，充满趣味性。在演示文稿中为幻灯片中的文本、图片和其他对象设置旋转、飞入、按序逐一显示等各种动画效果，被称为幻灯片动画设置。为幻灯片之间转换设置不同的动画效果，使其以不同的方式呈现，被称为幻灯片切换设置。

5.4.1　幻灯片动画设置

演示文稿中幻灯片动画共有"进入""强调""退出""动作路径"四种类型，每种类型包含多种动画样式。

"进入"动画，就是幻灯片放映时，幻灯片中的动画对象从无到有的显现过程。"强调"动画，就是幻灯片放映时,通过动画对象的动作,引起注意,强调动画对象的重要性。"退出"动画与"进入"动画正好相反,就是让动画对象从有到无的消隐过程。"路径动画"就是让动画对象沿预先设计好的路径从起点到终点移动,并伴随一些特殊效果。一个动画对象上也可以设置多种动画样式,完成较复杂的动画效果。

幻灯片动画设置在"动画"选项卡中进行。选中要设置动画的幻灯片对象,即动画对象,如图 5.25 所示"动画"选项卡功能区被激活。选项卡中有"预览""动画""高级动画""计时"四个选项组。"动画"项组中的"动画样式"列表是选择动画的主要区域。

图 5.25　"动画"选项卡

四种类型的幻灯片动画在设置方法上基本一致。下面介绍基本操作步骤。

1. 选择动画类型和动画样式

选中要设置的动画对象,在图 5.26 所示"动画"选项卡的"动画样式"列表中,或单击"动画样式"列表右下"其他"按钮,展开如图 5.26 所示的"动画样式"列表。每个类别用不同颜色列出了常用的动画样式。要查看更多动画样式,可分类选择"动画样式"列表下的菜单命令,在打开的对话框中查看并选择。在此过程中,动画对象将根据所选择的"动画样式"演示其预览效果。

图 5.26　"动画样式"列表

选中所需要的动画样式后，例如"进入"类的"飞入"，在该对象左侧将标注动画播放"序号"，表示动画演示的顺序。"动画样式"列表中的"飞入"样式图标将显示选中状态。

2．添加动画样式

若要在同一个动画对象上添加其他"动画样式"，例如，在已有"飞入"样式上添加"强调"类的"放大/缩小"样式，必须单击"高级动画"选项组中的"添加动画"按钮，在同样展开的"动画样式"列表中，选中"放大/缩小"样式，此时，"动画"选项组"动画样式"列表中将显示表示动画对象上设置了多个动画样式的图标 。

注意：若直接在如图 5.26 所示的"动画样式"列表中选择，则会将已有"飞入"样式更改为"放大/缩小"样式，而不是添加操作。

3．设置动画效果

选中"动画样式"后，列表右侧的"效果选项"按钮被激活，单击该按钮，展开"效果选项"下拉列表，可以快速设置动画效果。

要选择更多"效果选项"，单击"动画"选项组右下角的对话框启动器按钮 ，打开图 5.27 所示的"效果选项"对话框之"效果"选项。在该对话框中，可以设置更详尽的"效果选项"，如动画动作的持续时间、伴随动画播放的声音等。单击图中"计时"标签，显示图 5.28 所示的"效果选项"对话框之"计时"选项。在该对话框中可以设置动画开始的方式，默认是单击鼠标时开始播放动画。动画延续的时间即播放动画效果的时长。"重复"即循环播放次数等。设置"开始"和"延迟"选项，可以使动画播放自动连续地进行。单击"触发器"按钮，在展开的选项中设置触发机制。该选项的常用设置也可在"动画"选项卡"计时"选项组中对应的项目中进行。"动画样式"不同，"效果选项"设置项目也有所不同。

图 5.27　"效果选项"对话框之"效果"

图 5.28　"效果选项"对话框之"计时"

可以对幻灯片中要设置动画的其他对象依次设置"动画样式"，完成整张幻灯片动画的设置。单击"动画"选项卡中的"预览"按钮，可以预览整个动画效果。单击"动画"选项卡"计时"选项组中的"向前移动"或"向后移动"按钮，可以调整动画对象的播放顺序。要删除动画设置，只要选中动画对象，单击"动画样式"列表中的"无"即可。

在"动画"选项卡"高级动画"选项组中的"动画刷"按钮是 PowerPoint 2010 新增功能之一，利用它就像在 Word 中使用"格式刷"一样，而它能复制的只是"动画样式"。

4．使用"动画窗格"

单击"动画"选项卡"高级动画"选项组中的"动画窗格"按钮，打开图 5.29 所示的"动画窗格"，该窗格可以方便用户对动画细节进行调整。窗格列出了当前已设置动画的动画对象列表，包括了动画序号、动画样式、动画对象和播放的持续时间等信息。单击选中的动画对象右边下拉按钮，展开图 5.30 所示下拉列表，选择该列表中的相关命令可以进一步调整动画效果，或者"删除"动画设置。单击窗格中"播放"按钮观看整个动画效果。单击"重新排序"（▲和▼）可以调整动画对象的播放顺序。

图 5.29　动画窗格

图 5.30　动画窗格之下拉列表

5.4.2　幻灯片切换设置

幻灯片切换是指放映演示文稿时，从一张幻灯片转换成另一张幻灯片时的过程，转换时产生的不同动画效果就是幻灯片的切换效果。用户可选择各种不同的切换效果，并设置切换速度和伴随的声音。设置切换效果可以使用普通视图或幻灯片浏览视图，在图 5.31 所示的"切换"选项卡中进行。下面介绍基本操作步骤。

图 5.31　"切换"选项卡

1．选择切换方案

打开演示文稿，在普通视图或幻灯片浏览视图中，选择需要应用切换效果的幻灯片。单击"切换"选项卡"切换到此幻灯片"选项组"切换方案"列表，或单击"切换方案"列表右下的"其他"按钮，展开图 5.32 所示完整的"切换方案"列表。选中某切换方案，例如"推进"切换方案。此时"切换方案"列表中，"推进"方案显示被选中状态。在幻灯片左侧（普通视图）或左下方（浏览视图）会显示一个"播放动画"标记 ✿，单击该标记，可以预览切换方案的播放效果。

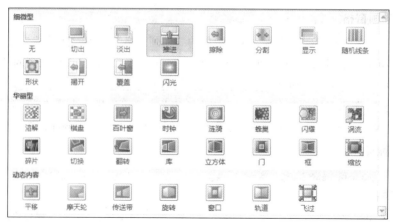

图 5.32 "切换方案"列表

2．设置效果选项

选中切换方案后，"切换方案"列表右侧"效果选项"按钮被激活。单击该按钮，展开"效果选项"按钮组，选择其中一种，可显示不同效果。

3．设置计时选项

单击"切换"选项卡"计时"选项组"声音"下拉按钮，展开图 5.33 所示的"声音"下拉列表。在该列表中可选择系统中预置的声音，还可以插入音频文件为切换配音，只是音频文件必须为".wav"格式。调整"持续时间"选项内数值，可设置切换过程的时限。单击"全部应用"按钮，则将所有幻灯片设置成当前切换方案。

4．设置换片方式

默认情况下，换片方式采用鼠标单击，即播放时单击鼠标才触发幻灯片切换过程，否则一直播放当前幻灯片。要让幻灯片自动完成切换过程，可以选中"设置自动换片事件"复选框，并设置时限值。此时，在浏览视图中幻灯片下方会显示时限值，幻灯片播放时间达到时限值，自动切换到下一张幻灯片。

依次按上面步骤，对每张幻灯片进行切换设置。完成设置后，按下【F5】键，观看整个演示文稿的放映。

图 5.33 "声音"下拉列表

5.5 放映和输出

演示文稿的放映是设置幻灯片的最后环节，也是幻灯片制作的最终目标。有效地设置演示文稿的放映，是演示文稿能真正发挥作用的关键。

5.5.1 演示文稿的放映

PowerPoint 为幻灯片的放映设计了灵活、多样的放映方式，通过对放映环节的各项设置，达到既能体现演讲者意图，又能适应环境需要的有效放映要求。

1．设置放映时间

演示文稿的放映速度会影响观众的反应，因此在正式放映演示文稿之前，可通过前面介绍的"切换"选项卡"计时"选项组"换片方式"中的"设置自动换片时间"确定幻灯片放映时长；也可通过"排练计时"记录放映时间，设计好理想的放映速度。后者的操作步骤如下：

（1）单击"幻灯片放映"选项卡"设置"选项组中的"排练计时"按钮。系统开始全屏播放幻灯片，并显示"录制"控制条。该控制条上有"下一项""暂停""重复"按钮，并显示当前"幻灯片放映时间"及总的放映时间。

（2）要播放下一张幻灯片时，可单击"录制"控制条上的，或出现在放映窗口下的"下一项"按钮 ➡ 。

（3）放映结束或中断放映，系统会显示此次放映使用的时间，并询问是否要保留新定义的时间。单击"是"接受，系统在"幻灯片浏览视图"中，显示每张幻灯片的播放用时。单击"否"则退出放映。

2．设置自定义放映

演示文稿由多张幻灯片组成，在不同场合、不同要求的演讲，需要在演示文稿中选择部分幻灯片重新组织后放映，实现"一稿多用"的功能。此时就需要设置自定义放映。具体操作如下：

（1）单击"幻灯片放映"选项卡"开始放映幻灯片"选项组中的"自定义幻灯片放映"按钮，在展开的列表中选中"自定义放映"项。打开图 5.34 所示的"自定义放映"对话框。

（2）在图 5.34 所示对话框中，单击"新建"按钮，打开图 5.35 所示"定义自定义放映"对话框。在该对话框"在演示文稿中的幻灯片"列表中可以选择需要放映的幻灯片，添加到"在自定义放映中的幻灯片"列表中，允许多选、复选。在"在自定义放映中的幻灯片"列表中，也可以调整放映的顺序。在"幻灯片放映名称"文本框中命名自定义放映的名称（本例为"营销计划概要"），便于引用。单击"确定"按钮，返回"自定义放映"对话框。

图 5.34　"自定义放映"对话框

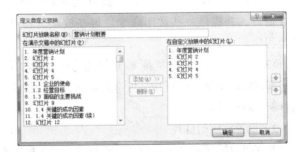

图 5.35　"定义自定义放映"对话框

此时，在"自定义放映"对话框的"自定义放映"列表框中将增加一项名为"营销计划概要"的自定义放映。可以继续按以上步骤新增自定义放映，所有的自定义放映名都将出现在"自定义幻灯片放映"按钮的下拉列表项中。单击"放映"按钮，系统开始按自定义放映设置进行放映。单击"关闭"按钮，完成设置。

3．隐藏幻灯片

演示文稿放映时，会跳过设置为隐藏的幻灯片。要将幻灯片设置为隐藏，可在普通视图或幻灯片浏览视图中进行，后者更为方便。选中要隐藏的幻灯片（可以多选），单击"幻灯片放映"选项卡"设置"选项组中的"隐藏幻灯片"按钮即可。此时，幻灯片编号上会打上"\"标记，表示该幻灯片被隐藏，放映时将略过。

4．设置放映方式

在 PowerPoint 中，用户可根据需要，使用不同方式放映幻灯片。单击"幻灯片放映"选项卡"设置"选项组中的"设置放映方式"按钮，打开图 5.36 所示的"设置放映方式"对话框。各项主要设置操作如下：

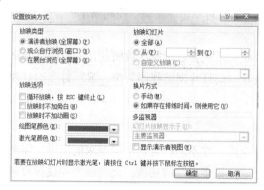

图 5.36　"设置放映方式"对话框

1）设置放映类型

有三种放映类型可供选择：

（1）演讲者放映（全屏幕）。此方式一般是演讲者边讲边演示。由演讲者控制放映。可采用自动或人工方式运行幻灯片放映。演讲者可以暂停放映、录下旁白或即席反应。当需要将幻灯片投影到大屏幕上或使用演示文稿会议时，一般用此方式。

（2）观众自行浏览（窗口）。此方式可放映小屏幕的演示文稿。此时，放映的演示文稿出现在窗口，并提供一些常用命令，可在放映时移动、编辑、复制和打印幻灯片，同时可运行其他程序。

（3）在展台浏览（全屏幕）。选择此选项可自动反复运行演示文稿。如在摊位、展台或其他无人管理的情况下放映幻灯片，可选此放映方式。放映时大多数命令都不可用，且放映完毕后会自动重新开始播放。

2）设置放映幻灯片

要完整放映演示文稿中的全部幻灯片，可选择图 5.36 中的"全部"单选按钮。要放映演示文稿中的部分幻灯片，有两种选择：

其一，放映的是演示文稿中按顺序连续编号的幻灯片，则在"从…到…"指定开始到结束的幻灯片编号，如从 10 到 20。

其二，放映的是演示文稿中不按序号排列的幻灯片，则必须先按前面介绍的"设置自定义放映"的方法设置并命名一个自定义放映后，选择"自定义放映"选项，在下拉列表中选择该自定义放映。

　　3）设置放映选项

　　默认为"循环放映，按 Esc 键终止"。单击"绘图笔颜色"下拉按钮，在展开的下拉列表中，可以设置放映时在幻灯片上做出标记的墨迹颜色。单击"激光笔颜色"下拉按钮，在展开的下拉列表中，可以设置放映时模拟激光笔指示的颜色。

　　4）设置换片方式

　　默认为"手动"，即鼠标单击或按下【Enter】键切换幻灯片。若已通过"排练计时"，保留了排练时间，则可选中"如果存在排练时间，则使用它"，使放映过程在一定的时间内完成。

5. 放映幻灯片

　　在 PowerPoint 中全屏放映幻灯片，都将按"设置放映方式"中的设置放映，方法主要有：

　　在幻灯片任何一种视图下，按下【F5】键，全屏放映幻灯片。

　　单击演示文稿右下角的视图按钮组中的"幻灯片放映"按钮 。

　　单击"幻灯片放映"选项卡"开始放映幻灯片"选项组中的"从头开始"按钮。

　　单击"文件"选项卡"另存为"命令，将演示文稿保存为"PowerPoint 放映"即扩展名为".ppsx"的文件。在不打开 PowerPoint 的情况下，直接播放。

5.5.1　演示文稿的输出

1. 演示文稿的保存

　　1）保存为 PDF 文件

　　PDF 文件是广为流传的一种文件格式，有良好的通用性和安全性，虽然需要专门的 PDF 阅读软件查看，但网上有大量免费的 PDF 阅读软件供下载使用。PowerPoint 提供了将演示文稿转换为 PDF 文档的功能，其操作如下：

　　单击"文件"选项卡"另存为"命令，打开图 5.37 所示"另存为"对话框。在该对话框中选择"保存类型"为 PDF。

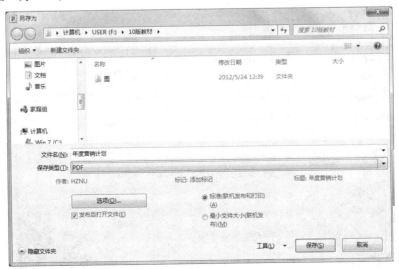

图 5.37　"另存为"对话框

单击图 5.37 中的"选项"按钮，打开图 5.38 所示的"选项"对话框。注意"范围"选项与"设置放映方式"对话框中对应项的一致性。"发布内容"下拉列表中还有"备注页""讲义""大纲视图"等可选。注意选择"幻灯片"和"讲义"的区别。前者每张幻灯片为一页，后者每页可选"1，2，3，4，6，9"张幻灯片。

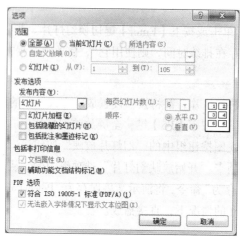

图 5.38 "选项"对话框

单击"确定"按钮返回"另存为"对话框，再单击"保存"按钮，系统显示发布进程。完成转换过程，使用系统默认的 PDF 阅读程序打开文档。

同样可以单击"文件"选项卡"保存并发送"选项组中的"创建 PDF/XPS 文档"，展开窗口如图 5.39 所示，在该窗口中，单击右侧的"创建 PDF/XPS"按钮，打开"发布为 PDF/XPS"对话框，与"另存为"对话框类似，进行类似的设置和步骤也能将演示文稿转换成 PDF 文档。

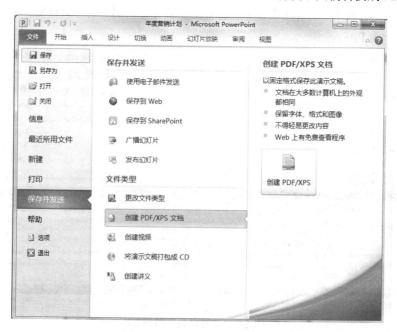

图 5.39 "保存与发送"窗口

2）打包演示文稿

所谓打包演示文稿，就是将所有与演示文稿有关的文件全部放入一个文件夹中，然后将该文件夹整体复制到包括 CD 盘在内的外存储器或其他计算机中，该文件夹也称包。该文件夹中可包含任何链接的文件，如文稿中要用到的 TrueType 字体。若要在没有安装 PowerPoint 的计算机上运行演示文稿，则必须将 PowerPoint 播放器一并放入文件夹。打包演示文稿的步骤如下：

（1）打开"打包成 CD"对话框。在图 5.39 所示的"保存与发送"窗口中，选择"将演示文稿打包成 CD"，再单击窗口右侧"打包成 CD"按钮，打开图 5.40 所示的"打包成 CD"对话框。

（2）添加文件。在"打包成 CD"对话框中，单击"添加"按钮，可添加要求在包中包含的文件。

（3）设置选项。在"打包成 CD"对话框中，单击"选项"按钮，打开图 5.41 所示的"选项"对话框，对该对话框中设置密码可以增强演示文稿的安全性。完成设置后，单击"确定"按钮，返回"选项"对话框。

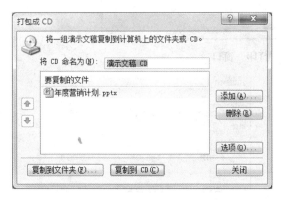

图 5.40　"打包成 CD"对话框

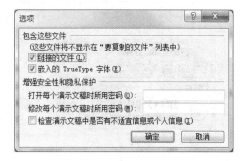

图 5.41　打包"选项"对话框

（4）选择文件夹存放位置。在"打包成 CD"对话框中，单击"复制到文件夹"按钮，弹出"复制到文件夹"对话框，通过"浏览"找到存放打包文件的目标位置。单击"复制到 CD"按钮，将文件夹刻录到 CD 盘上。最后单击"关闭"按钮，完成打包操作。

2. 演示文稿的打印

当用户需要将幻灯片、讲义、备注页或大纲从打印机输出，单击"文件"选项卡中的"打印"选项组，展开图 5.42 所示"打印"窗口。在该窗口进行设置，就能打印出多种形式的幻灯片文稿。

"打印"窗口中的部分设置项目如下：

打印范围，单击"打印全部幻灯片"按钮，展开图 5.43 所示的"打印范围"下拉列表，可根据打印要求单击相应按钮，完成设置。

单击"整页幻灯片"按钮，展开图 5.44 所示"打印版式和讲义"列表。用户根据该列表各选项说明，单击选择符合要求的版式。设置"打印版式"和"讲义"，内容可以是幻灯片、讲义、备注页和大纲。幻灯片就是一页只打印一张幻灯片，打印出来的效果与幻灯片视图中显示的相同。讲义是将多张幻灯片打印在一页上，可选择每页打印的幻灯片数目以及打印顺序。选择备注页，可以在打印幻灯片的同时打印备注。选择大纲，可以打印大纲窗格中显示的所有文本。版式是幻灯片在页面的位置分布。"根据纸张调整大小"项用于缩小或放大幻灯片的图像，使它们适应打印的页。在设置过程中，可同时在预览窗口查看打印的效果。

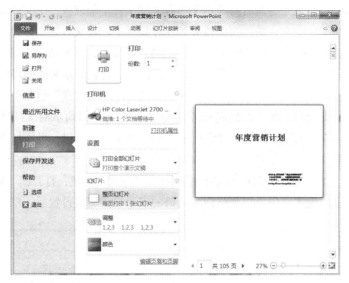

图 5.42 "打印"窗口

图 5.43 打印范围设置列表

图 5.44 "打印版式和讲义"列表

第 *6* 章 | 网络与信息安全

随着计算机科学和信息技术的发展，计算机网络作为当今社会信息化、电子化最重要的基础设施，在我国现代化进程中正发挥着越来越重要的作用。有关计算机网络和因特网的基础知识和基本技能已成为当今信息社会大学生必备的基本素养之一。人们对信息安全理论和信息安全技术的研究不断取得令人鼓舞的成果。如今，确立了独立的信息安全的体系，初步制定了相关法律、规范和标准，建立了评估认证准则、安全管理机制等。

6.1 计算机网络

对计算机网络的认识是随着网络的发展而不断更新的。按照资源共享的观点，计算机网络就是以资源共享为主要目的，由地理位置不同的若干台具有独立功能的计算机通过传输媒体（或通信网络）互连起来，并在功能完善的网络软件（通信协议、通信软件、网络操作系统等）控制下进行通信的计算机通信系统。要特别注意的是，计算机网络定义中包含的三个基本要素，即计算机、互连和通信协议。

（1）计算机，在网络中也称主机，是既可以连网也可以不连网的，具有独立功能的计算机。

（2）互连，指两台以上计算机之间的相互连接，可以通过传输媒体直接互连，也可以通过通信网络实现互连。

（3）通信协议，指计算机相互通信时使用的标准语言规范，计算机通信时必须使用相同的通信协议。

计算机网络可以按不同的分类方法进行分类，例如，可以按覆盖范围、工作原理、拓扑结构、管理性质、网络功能等进行分类，其中按覆盖范围和拓扑结构分类最常见。

6.1.1 按覆盖范围分类

计算机网络按覆盖范围分类，可分为局域网（local area network，LAN）、广域网（wide area network，WAN）和城域网（metropolitan area network，MAN）。

1. 局域网

局域网一般指覆盖范围在几千米以内，限于单位内部或建筑物内部的计算机网络，是目前应用最为广泛的计算机网络。局域网通常由一个单位组建，规模小、专用、传输延时小、可靠性高、投资小。如政府或企事业单位内部的办公网、学校的校园网、计算机网络机房，都是局域网的例子。

2．广域网

广域网也称远程网，覆盖范围通常在几十千米以上，可覆盖整个省份、国家，甚至整个世界。广域网通常由政府或行业组建，规模大、结构复杂、传输延时大、投资大。如中国公共计算机互联网（CHINANET）、中国教育科研计算机网（CERNET）、中国科学技术网（CSTNET）。连接全世界的因特网（Internet）是最大的广域网。

3．城域网

城域网也称都市网或市域网，覆盖范围介于局域网和广域网之间。

6.1.2　按拓扑结构分类

计算机网络按拓扑结构分类，可分为星形网络、总线网络、环形网络和网状网络。局域网由于覆盖范围较小，拓扑结构相对简单，通常是前三种结构之一，如图 6.1 所示，而广域网由于分布范围广，结构复杂，一般为网状网络。

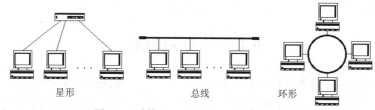

星形　　　　　　　　总线　　　　　　环形

图 6.1　计算机局域网的三种拓扑结构

1．星形网络

星形网络以一台中心处理机和其他入网计算机互连构成，每一台入网计算机与中心处理机之间有直接互连的物理链路，中心处理机采用分时或轮询的方式为入网计算机服务，所有数据必须经过中心处理机向外分发。

2．总线网络

总线网络以一根共用物理总线和所有附接在总线上的入网计算机互连构成，入网计算机通过竞争方式获取总线控制权，将数据发往总线，由指定的计算机接收数据。

3．环形网络

环形网络由物理链路与转发器构成的环路和附接转发器的入网计算机构成，入网计算机通过转发器在环路上发送或接收数据，数据传输具有单向性，一个转发器发出的数据只能被下一个转发器接收并转发。

4．网状网络

网状网络由专门负责数据通信的结点机网络（也称通信网络）和与结点机相连的入网计算机构成，结点机负责将来自于入网计算机的数据存储并转发，入网计算机通过结点机构成的网络进行数据通信。

6.2　因特网及服务

因特网是当今世界上最大的计算机网络，是一个由全球范围内各类计算机网络互连后形成的网络。因特网不仅范围广，而且网上资源极其丰富，已成为全人类最大的知识宝库之一。本节我们将对因特网的基本原理和接入方法进行介绍，并对因特网的常见应用作一浏览。

6.2.1　因特网地址

网络地址（简称网址）是结点在网络中定位的标识。物理上因特网是一个由众多的大大小小的不同类型的网络互连而成的网际网络，而逻辑上因特网把众多互连的物理网络抽象成一个通过软件实现的庞大的逻辑网络。网络结点在物理网络中的地址称作物理地址，而网络结点在抽象的因特网中的地址则称作因特网地址，也称 IP 地址。

1. IP 地址

目前，因特网中采用的 IP 地址为第四版，即 IPv4。IPv4 中规定 IP 地址由 32 位二进制数组成，习惯上将 IP 地址写成四个十进制数，相互之间用小数点分隔，每一个十进制数对应 8 位二进制数。如 IP 地址 11000000 10101000 00000001 00000001 可写成 192.168.1.1。

考虑到因特网由不同规模的物理网络互连而成，IP 地址格式定义中作了必要的划分，32 位 IP 地址划分成特征位、网络标识位和主机标识位三部分，并将 IP 地址分为 A 类、B 类、C 类、D 类、E 类共五类地址，A 类地址用于表示非常庞大的网络，B 类地址表示中等规模的网络，C 类地址表示规模较小的网络，D 类地址为多址广播地址，E 类地址保留，IP 地址具体分类情况如表 6.1 所示。

表 6.1　IP 地址具体分类情况

地 址 类 别	特　征　位	网络标识位	主机标识位	网络标识范围（首字节）
A	0	7 位	24 位	1~126
B	10	14 位	16 位	128~191
C	110	21 位	8 位	192~223
D	1110	28 位多点广播组编号		224~239
E	1111	28 位保留实验使用		240~255

因特网中也定义了一些特殊的 IP 地址，如：127.0.0.1 表示本机地址；0.0.0.0 表示未知主机（只作源地址用）；255.255.255.255 表示任何主机（只作目的地址用）；224.0.0.1 表示本子网所有系统；224.0.0.2 表示本子网所有路由器。

随着因特网的规模急剧扩大，IPv4 提供的 32 位 IP 地址捉襟见肘，IPv6 成为其替代方案。IPv6 使用 128 位的 IP 地址，即可以提供 2^{128} 个地址。目前 IP 协议应用正处在 IPv4 向 IPv6 过渡阶段。

2. 域名地址

因特网中用来标识每台主机的 IP 地址并不适合人们记忆，由此产生域名地址（简称域名）的概念，域名（Domain）是人们为因特网中的主机命名的有意义而又容易记忆的名字，用字符描述，这样比较符合人们的生活习惯，人们和计算机打交道使用域名，而计算机之间则通过 IP 地址进行信息交互。域名地址和 IP 地址之间存在着对应关系，由因特网中的域名系统（domain name system，DNS）进行解析。

域名不仅仅是一个便于记忆的符号名，还反映了因特网逻辑上的层次结构。顾名思义，域表示一个区域，域内可以容纳许多主机，亦即每一台主机属于某一个域。某个域可能属于一个更大的域，域内可能还包含子域。对应因特网中域的层次结构，规定了域名地址的定义，即由主机名加上一系列的"子域名"组成，子域名的个数一般不超过 5 个，且子域名之间用"."分隔，从左到右逐级升高，最高一级域名称为顶级域名或一级域名。如 mail.hz.zj.cn 中，cn 是顶级域名（一级域名），zj 是二级域名，hz 是三级域名，mail 是主机名。

为了对不同组织、不同国家的计算机进行合理的管理，因特网中采用层次结构设置各级域名，顶级（第一级）域名分配给主干网，取值为国家或地区名，如 cn 表示中国，jp 表示日本，第二级域名对应次级网络，通常表示组织或国家内的省份，如 com 表示商业组织，edu 表示教育机构，zj 表示浙江省。

因特网域名由因特网网络协会负责地址分配的委员会进行登记和管理。中国互联网信息中心 CNNIC 负责管理我国顶级域名。

3. 物理地址

物理地址是主机在物理网络中的实际地址，是一种局部地址，仅在物理网络中有效，网络中的每一台主机都有唯一的一个物理地址，网络内部以物理地址寻址。物理地址通常也称网卡地址，其格式因物理网络的不同而不同，如目前常见的以太网，其网卡地址由 48 位二进制（6 字节）表示。由于因特网中使用 IP 地址通信，因此 IP 地址和物理地址之间必须转换，IP 地址转换成物理地址由 TCP/IP 协议簇中的地址解析协议（ARP）完成，反之，由反向地址解析协议（RARP）实现。

6.2.2　因特网协议

1. TCP/IP 协议

协议指计算机相互通信时使用的标准规范，计算机通信时必须使用相同的通信协议。因特网所使用的协议是 TCP/IP 协议，TCP（transmission control protocol）被称之为传输控制协议，是信息在网络中正确传输的重要保证，具有解决数据丢失、损坏、重复等异常情况的能力；IP（internet protocol）被称之为网际协议，该协议负责将信息从一个地方传输到另一个地方。TCP/IP 协议具有较好的网络管理功能。

因特网上众多的应用服务都遵守着 TCP/IP 协议规范。TCP/IP 协议是其中最基本，也是最重要的两个协议。

2. TCP/IP 协议集

虽然从名字上看 TCP/IP 包括两个协议，但 TCP/IP 协议实际上是因特网所使用的一组协议集的统称，它包括上百个各种功能的协议，主要有网络层、传输层和应用层协议。

（1）网络层协议。该层中除包含 IP 协议外，主要有：

- ICMP（internet control message protocol）：网际控制报文协议，传输分组投递过程中的差错等控制信息。
- ARP（address resolution protocol）：地址解析协议，实现 IP 地址到物理地址的解析。
- RARP（reverse address resolution protocol）：反向地址解析协议，实现物理地址到 IP 地址的解析。

（2）传输层协议。该层中除包含 TCP 协议外，主要有：

- UDP（user datagram protocol）：用户数据报协议，提供用户之间不可靠的数据报投递服务。
- NVP（network voice protocol）：网络声音协议，提供声音传送服务。

（3）应用层协议。该层中包含的主要有：

- Telnet（remote login）：远程登录，提供远程登录（终端仿真）服务。
- FTP（file transfer protocol）：文件传输协议，提供文件传输服务。
- SMTP（simple mail transfer protocol）：简单邮件传输协议，提供简单电子邮件交换服务，主要用于发送邮件。
- POP3（post office protocol 3）：邮局协议 3，提供电子邮件交换服务，主要用于接收邮件。
- HTTP（hypertext protocol）：超文本传输协议，提供万维网（WWW）浏览服务。
- DNS（domain name system）：域名系统，负责域名和 IP 地址的映射。

6.2.3　因特网的应用服务

为提供良好的信息服务，因特网提供了种类繁多的服务项目，第 1 章已经介绍了因特网的最常用应用，下面再介绍一些。

1. 文件传输（FTP）

文件传输是指通过网络将文件从一台计算机传送到另一台计算机上。因特网上的文件传输服务是基于 FTP 协议（File Transfer Protocol，文件传输协议）的，通常被称为 FTP 服务。该服务允许用户将自己计算机上的副本传送到远程计算机上（上传，upload），但更多的是从远程计算机上获得文件副本（下载，download）。通常远程计算机在允许进行文件传输之前，会要求用户输入用户名和口令。但是因特网上有许多计算机允许任何用户访问和获取文件，用户的登录名就用 anonymous（意为"匿名的"），而口令可以不用，或用 guest（意为"客人"）等。目前在浏览器中采用 FTP 协议也能实现文件的传输功能。流行的 FTP 软件有 CuteFTP，基于 FTP 且功能更强大下载工具也有很多，如迅雷、网际快车等。

2. IP 电话（IP phone）

IP Phone 是一种基于因特网的实时语音服务，和传统电话 PSTN（public switch telephone network）相比具有巨大的优势和广阔的应用前景，IP Phone 不仅可以提供 PC-to-PC 的实时语音通信，还能提供 PC-to-Phone、Phone-to-PC 的实时语音通信。IP Phone 采用先进的数字压缩技术，使传统的 64 K 话路压缩到 8 K，通信效率大大提高；能充分利用因特网资源，成本低廉，因此可提供更为廉价的服务；和数据业务有更大的兼容性，可支持语音、视频、数据合一的实时多媒体通信；甚至可以用 PC 作为电话机，应用灵活、智能化程度高。

3. 电子政务（e-Government）和电子商务（e-Business）

电子政务是指政府机构在其管理和服务职能中运用现代信息技术，实现政府组织结构和工作流程的重组优化，超越时间、空间和部门分隔的制约，建成一个精简、高效、廉洁、公平的政府运作模式。电子政务模型可简单概括为两方面：政府部门内部利用先进的网络信息技术实现办公自动化、管理信息化、决策科学化；政府部门与社会各界利用网络信息平台充分进行信息共享与服务、加强群众监督、提高办事效率及促进政务公开等。

电子商务是指政府、企业和个人在以因特网为基础的计算机系统支持下进行商品交易和资金结算的商务活动，其主要功能包括网上广告、订货、付款、客户服务和货物递交等销售、售前和售后服务，电子商务的一个重要特征是利用 Web 技术来传输和处理商务信息。通常在应用中将电子商务分为 B2B 和 B2C 两类，前者代表商家对商家，后者表示商家对客户。

4. 在线学习（e-Learning）

在线学习又称网络化学习，是不同于传统方式的一种全新的学习方式。学习者以因特网为平台，通过多媒体网络学习资源、网上学习社区及网络技术平台构筑成的一种全新的网络学习环境进行学习。在这种学习环境中，汇集了大量数据、档案资料、程序、教学软件、兴趣讨论组、新闻组等学习资源，形成了一个高度综合集成的资源库。而且这些学习资源对所有学习者都是开放的。一方面，这些资源可以为成千上万的学习者同时使用，没有任何限制；另一方面，所有成员都可以发表自己的看法，将自己的资源加入到网络资源库中，供大家共享。

6.2.4 因特网的典型应用

1. 搜索引擎的使用

搜索引擎以一定的策略在因特网中搜集、发现信息，对信息进行理解、提取、组织和处理，并为用户提供检索服务，从而起到信息导航的目的。搜索引擎提供的导航服务已经成为因特网上非常重要的网络服务，搜索引擎站点也被誉为"网络门户"。

下面以目前广泛使用的搜索引擎百度为例，介绍搜索引擎的使用。

1）初识百度

在地址栏中输入谷歌的网址：http://www.baidu.com，按【Enter】键，打开百度的主页面，如图 6.2 所示，不同时期，主页会显示不同画面。

从百度的主页上可以看到，搜索的内容可以来自：因特网上的图片、地图、新闻等大类目录。搜索的范围可以是整个因特网。

使用百度进行搜索，简洁、方便，仅需在"搜索"文本框中输入搜索内容的关键词后，按【Enter】键，或者单击窗口上的"百度一下"按钮即可得到相关材料；同时百度的搜索严谨认真，对搜索要求"一字不差"。例如：对关键词为"办公设备"或"办公系统"的搜索，会出现不同的结果。因此在搜索时，用户可以用不同的关键词。而当需要输入多个关键词进行搜索时，百度可以提供符合查询条件的网页。例如：用户想去云南西双版纳，只需在"搜索"文本框输入"云南 西双版纳"（注意"云南"与"西双版纳"之间的空格），虽然在"云南"与"西双版纳"之间没有连接词"and"，但百度将搜索既有"云南"又有"西双版纳"的网页。若要查询"云南"或"西双版纳"，则在"搜索"文本框输入"云南 OR 西双版纳"（注意"云南"与"西双版纳"之间用大写英文单词 OR）即可。

新闻
hao123
地图
视频
贴吧
学术
登录
设置
更多产品
Bai du 百度
百度一下
下载百度APP
有事搜一搜 没事看一看

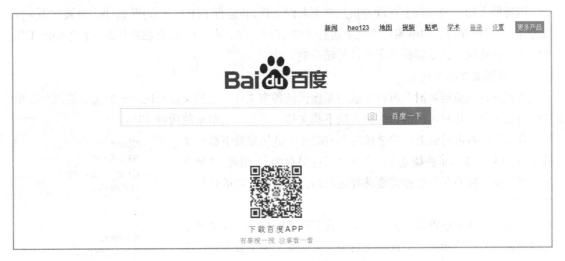

图 6.2 百度主页

2）百度高级搜索技巧

为提高百度的搜索效率，在百度中也可以引入“+”和“–”号，“+”号后的词在搜索中要求出现，“–”号后的词在搜索中要求不出现。但是仅有这些对于某些情况的检索还是无法满足，为此可以在主页右上角，单击“设置”选项。弹出“设置”菜单，如图 6.3 所示。

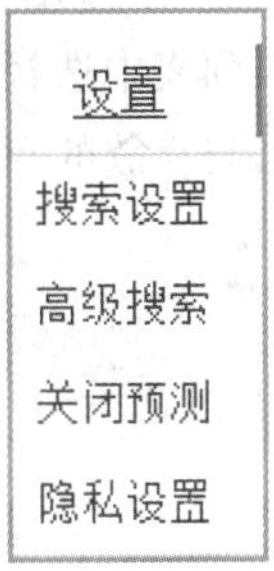

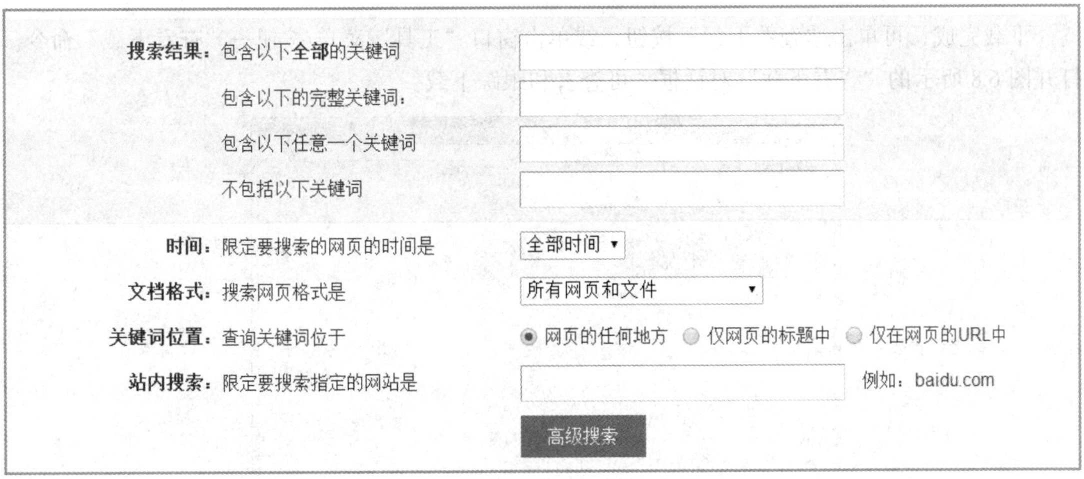

设置
搜索设置
高级搜索
关闭预测
隐私设置

图 6.3 “设置”菜单

单击“搜索设置”超链接，打开“搜索设置”页面，可以对搜索结果的显示方式进行设置。单击“高级搜索”超链接，进入百度的高级搜索页面。在图 6.4 所示页面中提供了“高级搜索”设置选项。在各项目中，按提示填入相应的内容，就可以比较准确地搜索到所希望的结果。

搜索结果：包含以下全部的关键词
包含以下的完整关键词：
包含以下任意一个关键词
不包括以下关键词
时间：限定要搜索的网页的时间是
全部时间
文档格式：搜索网页格式是
所有网页和文件
关键词位置：查询关键词位于
网页的任何地方
仅网页的标题中
仅在网页的URL中
站内搜索：限定要搜索指定的网站是
例如：baidu.com
高级搜索

图 6.4 “高级搜索”设置选项

2．文件传输

因特网上的一些主机上存放着供用户下载的文件,并运行 FTP 服务程序(这些主机被称为 FTP 服务器),用户在自己的本地计算机上运行 FTP 客户程序,由 FTP 客户程序与服务程序协同工作来完成文件传输。浏览器提供了文件传输功能。

1)页面文件的下载

当用户在浏览网页时,可以下载网站提供的各类文件,这些文件与网页上的文字或图片链接着,可供下载,用户可以通过多种方法下载文件,下面介绍常见的两种方法:

方法一:右击网页上的超链接文字或图片（链接着要下载的文件),弹出图 6.5 所示快捷菜单,单击"目标另存为",出现 "另存为"对话框,用户只要根据需要选择适当的文件名与存放的目标文件夹即可。

方法二:用户还可以单击这串文字或图片（链接着下载文件),这时出现图 6.6 所示的"下载"工具条,如果确实要下载文件,单击图中的"保存"按钮,则将文件下载到默认的文件夹中。此时"下载"工具条如图 6.7 所示。若单击图 6.6 中的"保存"下拉按钮,在下拉列表中选择"另存为"命令,用户只要根据需要选择适当的文件名与存放的目标文件夹即可。

图 6.5　浏览器窗口快捷菜单

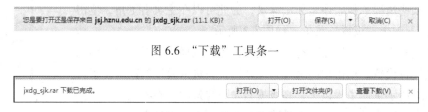

图 6.6　"下载"工具条一

图 6.7　"下载"工具条二

下载完成,可单击"查看下载"按钮,或单击窗口"工具"菜单/按钮→"查看下载"命令。打开图 6.8 所示的"查看下载"对话框,可查看和跟踪下载。

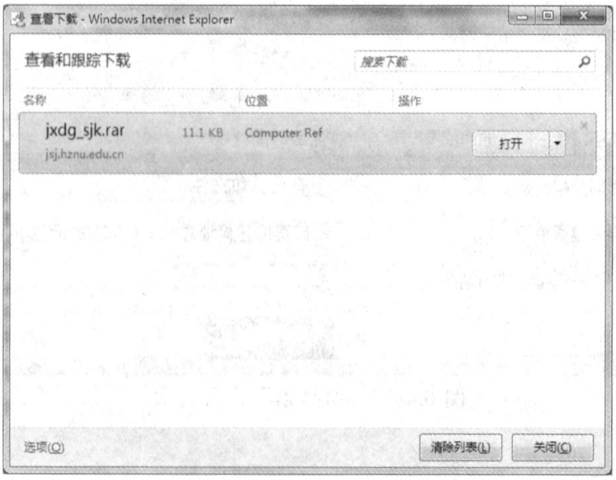

图 6.8　"查看下载"对话框

2）从 FTP 服务器上下载文件

要用浏览器进入 FTP 时，可在浏览器的地址栏中输入 FTP 服务器的 URL，其格式如下：

ftp://账号:口令@FTP 服务器名[:端口]

其中：ftp 表示 FTP 服务，对于允许匿名的 FTP，则不需要账号和口令。例如：在浏览器地址栏输入：ftp://ftp.pku.edu.cn/ 后，出现图 6.9 所示界面，其前图为在 "Windows 资源管理" 视图方式下的 FTP 界面。至此，可对所要传输的文件或文件夹，如同在本地计算机上一样进行复制/粘贴操作，达到文件传输的目的。要注意的是，对于上传，许多 FTP 服务器是有限制的，需要权限。

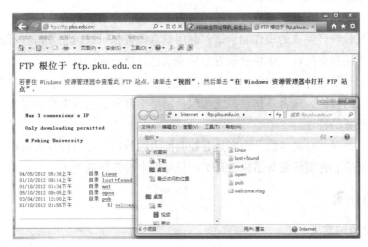

图 6.9　浏览器的 FTP 界面

6.3　信　息　安　全

6.3.1　信息安全的主要威胁

计算机网络的发展，使信息共享日益广泛与深入。但是，信息在公共通信网络上存储、共享和传输，会被非法窃听、截取、篡改或毁坏，而导致不可估量的损失，尤其是银行系统、商业系统、管理部门、政府或军事领域对公共通信网络中存储与传输的数据安全问题更为关注。信息系统的网络化提供了资源的共享性和用户使用的方便性，通过分布式处理提高了系统的效率、可靠性和可扩充性，但是这些特点却增加了信息系统的不安全性。

6.3.2　信息安全的定义和特征

1. 信息安全的定义

信息安全主要涉及信息存储的安全、信息传输的安全以及对网络传输信息内容的审计 3 方面。从广义上看，凡是涉及信息的完整性、保密性、真实性、可用性和可控性的相关技术和理论，都是信息安全所要研究的领域。

信息安全是指信息系统的硬件、软件及其系统中的数据受到保护，不受偶然的或者恶意的原因而遭到破坏、更改、泄露，系统能连续、可靠地正常运行，网络服务不中断。

2．信息安全的特征

计算机信息安全具有以下特征。

（1）保密性：是信息不被泄露给非授权的用户、实体，即防止信息泄露给非授权个人或实体，信息只为授权用户使用的特性。

（2）完整性：是信息未经授权不能改变的特性，即信息在存储或传输过程中保持不被偶然或蓄意地删除、修改、伪造、乱序、插入等破坏和丢失的特性。完整性要求保持信息的原样，即信息的正确生成、正确存储和传输。完整性与保密性不同，保密性要求信息不被泄露给未授权的人，而完整性则要求信息不受到各种原因的破坏。

（3）真实性：在信息系统的信息交互作用过程中，确信参与者的真实同一性，即所有参与者都不可能否认或抵赖曾经完成的操作和承诺。利用信息源证据可以防止发信方不真实地否认已发送信息，利用递交接收证据可以防止收信方事后否认已经接收到信息。

（4）可用性：是信息可被授权实体访问并按需求使用的特性，即信息服务在需要时，允许授权用户或实体使用的特性，或者是信息系统（包括网络）部分受损或需要降级使用时，仍能为授权用户提供有效服务的特性。

（5）可控性：是对信息的传播及内容具有控制能力的特性，即指授权机构可以随时控制信息的保密性。密钥托管、密钥恢复等措施就是实现信息安全可控性的例子。

6.3.3 计算机病毒

1．计算机病毒的定义

"计算机病毒"最早是由美国计算机病毒研究专家 F.Cohen 博士提出的。"计算机病毒"有很多种定义，国外最流行的定义为："计算机病毒是一段附着在其他程序上的可以实现自我繁殖的程序+代码"。在《中华人民共和国计算机信息系统安全保护条例》中的定义为："计算机病毒，是指编制或者在计算机程序中插入的破坏计算机功能或者数据，影响计算机使用，并且能够自我复制的一组计算机指令或者程序代码。"

计算机病毒本身是一段人为编制的程序代码，寄生在计算机程序中，破坏计算机的功能或者毁坏数据，从而给信息安全带来危害。计算机病毒由于具有自我复制能力，感染能力非常强，可以很快地蔓延，且有一定的潜伏期，往往难以根除，这些特性与生物意义上的病毒非常相似。

计算机病毒（以下简称病毒）具有：传染性、寄生性、隐蔽性、破坏性、未经授权性等特点，其中最大特点是具有传染性。病毒可以侵入到计算机的软件系统中，而每个受感染的程序又可能成为一个新的病毒，继续将病毒传染给其他程序，因此传染性成为判定一个程序是否为病毒的首要条件。

2．计算机病毒的特征

计算机病毒是由人为编制的程序代码，和普通的计算机程序又有所不同。计算机病毒的代码长度一般小于 4 KB，而且病毒代码不是一个独立的程序，它寄生在一个正常工作的程序中，通过这个程序的执行进行病毒传播和病毒破坏，计算机病毒具有以下特点。

1）破坏性

编写计算机病毒的最根本的目的是干扰和破坏计算机系统的正常运行，侵占计算机系统资源，使计算机运行速度减慢，直至死机，毁坏系统文件和用户文件，使计算机无法启动，并可造成网络的瘫痪。

2）传染性

如同生物病毒一样，传染性是计算机病毒的重要特征。传染性也称自我复制能力，是判断是不是计算机病毒的最重要的依据。计算机病毒传播的速度很快，范围也极广，一台感染了计算机病毒的计算机，本身既是一个受害者，又是病毒的传播者，它通过各种可能的渠道，如磁盘、光盘等存储介质以及网络进行传播。

3）潜伏性

计算机病毒总是寄生隐藏在其他合法的程序和文件中，因而不容易被发现，这样才能达到其非法进入系统、进行破坏的目的。

4）触发性

计算机病毒的发作要有一定的条件，只要满足了这些特定的条件，病毒就会立即激活，开始破坏性的活动。

5）不可预见性

不同种类病毒的代码千差万别，病毒的制作技术也在不断提高。同反病毒软件相比，病毒永远是超前的。新的操作系统和应用系统的出现，软件技术的不断发展，也为计算机病毒提供了新的发展空间，对未来病毒的预测将更加困难。

6.3.4　计算机病毒的表现

从第一个病毒出世以来，究竟世界上有多少种病毒，说法不一。直至今日病毒的数量仍在不断增加，且表现形式也日趋多样化。如此多的种类，我们可以通过适当的标准把它们分门别类地归纳成几种类型，从而更好地了解和防范它们。

1. 计算机病毒的寄生方式

计算机病毒按寄生方式大致可分为三类，一是引导型病毒；二是文件型病毒；三是复合型病毒，它集引导型和文件型病毒特性于一体。

1）引导型病毒

引导型病毒是指寄生在磁盘引导区或主引导区的计算机病毒。它是一种开机即可启动的病毒，先于操作系统而存在，所以用 U 盘引导启动的计算机容易感染这种病毒。此种病毒利用系统引导时，不对主引导区的内容正确与否进行判别的缺点，在引导系统的过程中侵入系统，驻留内存，监视系统运行，伺机传染和破坏。通过感染磁盘上的引导扇区或改写磁盘分区表（FAT）来感染系统，该病毒几乎常驻内存，激活时即可发作，破坏性大。引导型病毒按其寄生对象的不同又可分为两类，即 MBR（主引导区记录）病毒、PBR（分区引导记录）病毒。MBR 病毒感染硬盘的主引导区，典型的病毒有大麻（Stoned）、2708 病毒、火炬病毒等。PBR 病毒感染硬盘的活动分区引导记录，典型的病毒有 Brain、小球病毒、Girl 病毒等。

2）文件型病毒

文件型病毒是指能够寄生在文件中的计算机病毒。这类病毒程序感染可执行文件或数据文件（即文件扩展名为.com、.exe 等可执行程序）。病毒以这些可执行文件为载体，当运行可执行文件时就会激活病毒。文件型病毒大多数也是常驻内存的。在各种计算机病毒中，文件型病毒占的数目最大，传播最广，采用的技巧也很多。而且，各种文件型病毒的破坏性也各不相同，例如对全球造成了重大损失的 CIH 病毒，主要传染 Windows 可执行程序，同时破坏计算机 BIOS，导致系统主板损坏，使计算机无法启动。

宏病毒是一种文件型病毒。宏病毒是利用宏语言编制的病毒，寄存于 Word 文档中，充分利用宏命令的强大系统调用功能，实现某些涉及系统底层操作的破坏。

3）复合型病毒

复合型病毒兼有文件型病毒和引导型病毒的特点。这种病毒扩大了病毒程序的传染途径，既感染磁盘的引导记录，又感染可执行文件。所以它的破坏性更大，传染的机会也更多，杀灭也更困难。这种病毒典型的有：熊猫烧香、文件夹病毒、新世纪病毒等。

2. 计算机病毒的表现形式

病毒潜伏在系统内，一旦激发条件满足，病毒就会发作。由于病毒程序设计的不同，病毒的表现形式往往是千奇百怪，没有一定的规律，令用户很难判断。但是，病毒总的原则是破坏系统文件或用户数据文件，干扰用户正常操作。以下不正常的现象往往是病毒的表现形式。

（1）不正常的信息。系统文件的时间、日期、大小发生变化。病毒感染文件后，会将自身隐藏在原文件后面，文件大小大多会有所增加，文件的修改日期和时间也会被改成感染时的时间。

（2）系统不能正常操作。硬盘灯不断闪烁。硬盘灯闪烁说明有磁盘读/写操作，如果用户当前没有对硬盘进行读/写操作，而硬盘灯不断闪烁，这可能是病毒在对硬盘写入垃圾文件或反复读取某个文件。

（3）桌面图标发生变化。把 Windows 默认的图标改成其他样式的图标，或将应用程序的图标改成 Windows 默认图标样式，起到迷惑用户的作用。

（4）文件目录发生混乱。例如破坏系统目录结构，将系统目录扇区作为普通扇区，填写一些无意义的数据。

（5）用户不能正常操作。经常发生内存不足的错误。某个以前能够正常运行的程序，在程序启动时报告系统内存不足，或使用程序中某个功能时报告内存不足。

（6）数据文件破坏。有些病毒在发作时会删除或破坏硬盘中的文档，造成数据丢失。有些病毒利用加密算法，将加密密钥保存在病毒程序体内或其他隐蔽的地方，而被感染的文件则被加密。

（7）无故死机或重启。计算机经常无缘无故地死机。病毒感染了计算机系统后，将自身驻留在系统内并修改了中断处理程序等，引起系统工作不稳定。

（8）操作系统无法启动。有些病毒修改了硬盘引导扇区的关键内容（如主引导记录等），使得硬盘无法启动。某些病毒发作时删除了系统文件，或者破坏了系统文件，使得无法正常启动计算机系统。

（9）运行速度变慢。在硬件设备没有损坏或更换的情况下，本来运行速度很快的计算机，运行同样应用程序，速度明显变慢，而且重启后依然很慢。这可能是病毒占用了大量的系统资源，并且自身的运行占用了大量的处理器时间，造成系统资源不足，正常程序载入时间比平常久，运行变慢。

（10）磁盘可利用空间突然减少。在用户没有增加文件的正常情况下，硬盘空间应维持一个固定的大小。但有些病毒会大量的进行传染繁殖，造成硬盘可用空间减小。

（11）网络服务不正常。如自动发送电子邮件。大多数电子邮件病毒都采用自动发送的方法作为病毒传播手段，也有些病毒在某一特定时刻向同一个邮件服务器发送大量无用的电子邮件，以阻塞该邮件服务器的正常服务功能，造成网络瘫痪，无法提供正常的服务。

6.3.5　计算机病毒的防范

1．计算机病毒防护

计算机病毒防护，是指通过建立合理的计算机病毒防护体系和制度，及时发现计算机病毒侵入，并采取有效的手段阻止计算机病毒的传播和破坏，恢复受影响的计算机系统和数据。

计算机病毒防护工作，首先是防护体系的建设和制度的建立。没有一个完善的防护体系，一切防护措施都将滞后于计算机病毒的危害。计算机病毒防护体系的建设是一个社会性的工作，需要全社会的参与，充分利用所有能够利用的资源，形成广泛的、全社会的计算机病毒防护体系网络。计算机病毒防护制度是防护体系中每个主体都必须执行的行为规程，没有制度，防护体系就不可能很好地运作，就不可能达到预期的效果。必须依照防护体系对防护制度的要求，结合实际情况，建立符合自身特点的防护制度。

计算机病毒防护的关键是做好预防工作，即防患于未然。从用户的角度来看，要做好计算机病毒的预防工作，应从以下方面着手。

1）树立计算机病毒预防思想

解决病毒的防治问题，关键的一点是要在思想上给予足够的重视，从加强管理入手，制订出切实可行的管理措施。由于计算机病毒的隐蔽性和主动攻击性，要杜绝病毒的传染，在目前的计算机系统总体环境下，特别是对于网络系统和开放式系统而言，几乎是不可能的。因此，要以预防为主，制订出一系列的安全措施，可大大降低病毒的传染。

2）堵塞计算机病毒的传染途径

堵塞传染途径是防止计算机病毒侵入的有效方法。根据病毒传染途径进行病毒检测工作，在计算机中安装预防病毒入侵功能的防护软件，可将病毒的入侵率降低到最低限度，同时也可将病毒造成的危害减少到最低限度。

病毒的防护技术总是在与病毒的较量中得到发展。计算机病毒利用读/写文件进行感染，利用驻留内存、截取中断向量等方式进行传染和破坏。预防计算机病毒就是要监视、跟踪系统内类似的操作，提供对系统的保护，最大限度地避免各种计算机病毒的传染破坏。

3）制定预防管理措施

制定切实可行的预防病毒的管理措施，并严格地贯彻执行。大量实践证明这种主动预防的策略是行之有效的。新购置的计算机可能携带有计算机病毒。因此，在条件许可的情况下，要用检测计算机病毒软件检查已知计算机病毒，用人工检测方法检查未知计算机病毒，并经过证实没有计算机病毒感染和破坏迹象后再使用。

新安装的计算机软件也要进行计算机病毒检测。有些软件厂商发售的软件，可能无意中已被计算机病毒感染。这时不仅要用杀毒软件查找已知的计算机病毒，还要用人工检测和实验的方法检测。

4）重要数据文件备份

硬盘分区表、引导扇区等的关键数据应作备份工作，并妥善保管。在进行系统维护和修复工作时可作为参考。重要数据文件定期进行备份工作。对于 U 盘，要尽可能将数据和应用程序分别保存。在任何情况下，总应保留一张写保护的、无计算机病毒的、带有常用命令文件的系统启动 U 盘，用以清除计算机病毒和维护系统。

5）计算机网络的安全使用

不要随便直接运行或打开电子邮件中的附件文件，不要随意下载软件，尤其是一些可执行文件和 Office 文档。即使下载了，也要先用最新的防杀计算机病毒软件来检查。网络病毒发作期间，暂时停止使用 Outlook Express 接收电子邮件，避免来自其他邮件病毒的感染。不在与工作有关的计算机上玩游戏。安装、设置防火墙，对内部网络实行安全保护。

2. 计算机病毒的诊断与清除

不同的计算机病毒虽然都按各自的病毒机制运行，但是病毒发作以后表现出的症状是可查、可比、可感觉的，可以从它们表现出的症状中找出有本质特点的症状作为诊断病毒的依据。对广大的一般用户而言，借助病毒诊断工具进行排查是最常用的办法。

在检测出系统感染了病毒之后，就要设法消除病毒。使用杀毒软件进行杀毒，具有效率高、风险小的特点，是一般用户普遍使用的做法。目前常用的杀毒软件有：卡巴斯基、360 杀毒软件、瑞星杀毒软件等。

1）卡巴斯基杀毒软件

卡巴斯基杀毒软件来源于俄罗斯，它是世界优秀网络杀毒软件之一。卡巴斯基查杀病毒的性能很好，支持反病毒扫描、驻留后台监视、脚本检测以及邮件检测等，而且能够实现带毒杀毒

2）360 杀毒软件

360 杀毒软件内核采用了罗马尼亚的 BitDefender 病毒查杀引擎，以及 360 安全中心研发的云查杀引擎。360 杀毒软件完全免费，无须激活码，免费升级，占用系统资源较小，误杀率也较低，360 杀毒软件有以下特点。

（1）360 杀毒软件可以全面防御 U 盘病毒，阻止病毒从 U 盘运行，切断病毒传播链。

（2）360 杀毒软件具有领先的启发式分析技术，能第一时间拦截新出现的病毒。

（3）360 杀毒软件可免费快速升级，可以使用户及时获得最新病毒库及病毒防护能力。

3）瑞星杀毒软件

瑞星公司是国内最早的专业杀毒软件生产厂商之一，拥有自有知识产权的杀毒核心技术：病毒行为分析判断技术、文件增量分析技术、自动高效数据拯救技术、共享冲突文件杀毒技术、实时内存监控技术、支持 NTFS 和 FAT32 文件格式等。瑞星杀毒软件有如下技术特点：

（1）智能解包还原技术：可以有效地对各种自解压程序进行病毒检测。

（2）行为判断查杀未知病毒技术：可查杀邮件、脚本以及宏病毒等未知病毒。

（3）通过对实时监控系统的全面优化集成，使文件系统、内存系统、协议层邮件系统、因特网监控系统等有机地融合成单一系统，有效地降低了系统资源消耗，提升了监控效率。

（4）瑞星杀毒软件在传统的特征码扫描技术基础上，又增加了行为模式分析和脚本判定两项查杀病毒技术。三个杀毒引擎相互配合，保证了系统的安全。

（5）软件采用了结构化多层可扩展技术，使软件具有较好的可扩展性。

（6）采用压缩技术，无须用户干预，定时自动保护计算机系统中的核心数据，即使在硬盘数据遭到病毒破坏，甚至格式化硬盘后，都可以迅速恢复硬盘中的数据。

（7）计算机在运行屏幕保护程序的同时，杀毒软件进行后台杀毒，充分利用计算机空闲时间。

（8）在安装瑞星杀毒软件时，程序会自动扫描内存中是否存在病毒，以确保其安装在完全无毒的环境中。而且，用户还可选择需要嵌入的程序等，以实时杀毒。

3．计算机病毒检测技术

杀毒软件本质上是一种亡羊补牢的软件，也就是说，只有某一段病毒代码被编制出来之后，才能断定这段代码是不是病毒，才能去检测或清除这种病毒。从理论上考查，杀毒软件要做到预防全部未知病毒是不可能的。因为，目前计算机硬件和软件的智能水平还远远不能达到图灵测验的程度。但是从局部意义上探讨，利用人工智能防范部分未知病毒是可能的，这种可能性建立在很多先决条件之下。

计算机广泛采用杀毒软件进行计算机病毒防护。杀毒软件广泛采用"特征代码法"的工作原理。特征代码法是通过打开被检测的文件，在文件中搜索，检查文件中是否含有病毒数据库中的病毒特征代码。如果发现病毒特征代码，由于特征代码与病毒一一对应，便可以断定，被查文件中患有何种病毒。采用病毒特征代码法的检测工具，面对不断出现的新病毒，必须不断更新版本，否则检测工具便会老化，逐渐失去实用价值。病毒特征代码法对从未见过的新病毒，自然无法知道其特征代码，因此无法去检测这些新病毒。

杀毒软件的第一个任务是如何发现文件是否被病毒感染。杀毒软件必须对常用的文件类型进行扫描，检查是否含有特定的病毒代码字符串。这种病毒扫描软件由两部分组成：一部分是病毒代码库，含有经过特别筛选的各种计算机病毒的特定字符串；另一部分是扫描程序，扫描程序能识别的病毒数目完全取决于病毒代码库内所含病毒种类的多少。这种技术的缺点是，随着硬盘中文件数量的剧增，扫描的工作量很大，而且容易造成硬盘的损坏。

第 **7** 章 计算机新技术

进入 21 世纪，信息技术的发展日新月异，以云计算、物联网、大数据、人工智能、虚拟现实等为代表的 IT 新技术不断地改变和影响人们的生活，掀起了又一轮 IT 新技术革命的浪潮。随着计算机应用的不断拓展，计算机新技术在生产、教育以及医疗等众多领域都发挥着无可替代的重要作用，社会已经渐渐步入了全新的现代信息化时代。

7.1 云 计 算

7.1.1 云计算的概念

云计算（cloud computing），是一种基于互联网的计算方式。通过这种方式，共享的软硬件资源和信息可以按需提供给计算机和其他设备。

云计算机是继 20 世纪 80 年代大型计算机到客户端—服务器的大转变之后的又一巨变。用户不再需要了解云中基础设施的细节，不必具有相应的专业知识，也无须直接进行控制。典型的云计算提供商往往直接提供通用的网络应用业务，可以通过浏览器等软件或者其他 Web 服务来访问，而软件和数据都存储在服务器上。

随着互联网技术的飞速发展，信息量与数据量呈爆炸性增长，计算机的计算能力和数据的存储能力已经远远满足不了人们的需求。而传统的解决方法是通过购买更多先进的设备来实现快速计算和大存储容量，这样大大提高了成本费用，并且设备数量的不断增加使得各种存储体系结构之间的差异也不断扩大，由此造成网络中的存储资源很难得到充分的利用和合理的管理。在这种情况下，云计算技术应运而生。云计算将待处理的数据送到互联网上的超级计算机集群中进行计算和处理，这样就可以有效地降低应用计算的成本。自从云计算的概念提出来以后，立刻引起业内各方极大的关注，现在已成为信息领域的研究热点之一。

云计算的概念图如图 7.1 所示。

云计算的基本原理是利用非本地或远程服务器（集群）的分布式计算机为互联网用户提供服务（计算、存储、软硬件等服务），这使得用户可以将资源切换到需要的应用上，根据需求访问计算机和存储系统。云计算可以把普通的服务器或者 PC 连接起来以获得超级计算机的计算和存储等功能，但是成本更低。云计算真正实现了按需计算，从而有效地提高了对软硬件资源的利用效率。云计算的出现使高性能并行计算不再是科学家和专业人士的专利，普通的用户也能通过云计算享受高性能并行计算所带来的便利，使人人都有机会使用并行机，从而大大提高了工作效率和计算资源的利用率。云计算模式中，用户不需要了解服务器在哪里，不用关心内部如何运作，通过高速互联网就可以透明地使用各种资源。

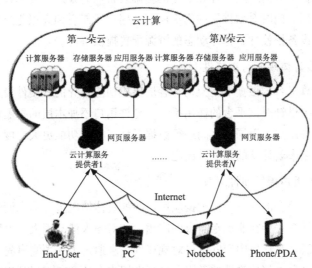

图 7.1　云计算概念图

云计算技术将计算分布在大量的分布式计算机上，而非本地计算机或远程服务器中。企业数据中心的运行将与互联网相似，使得企业能够将资源切换到需要的应用上。根据需求访问计算机和存储系统，是一种革命性的举措，这就好比是从古老的单台发电机模式转向了电厂集中供电的模式。它意味着计算能力也可以作为一种商品进行流通，就像煤气、水电一样取用方便、费用低廉，最大的不同在于它是通过互联网进行传输的。云计算的蓝图已经呼之欲出：在未来，只需要一台笔记本式计算机或者一个手机，就可以通过网络服务来实现人类需要的一切，甚至包括超级计算这样的任务，从这个角度而言，最终用户才是云计算的真正拥有者。

7.1.2　云计算的特点

1. 计算资源集成提高设备计算能力

云计算把大量计算资源集中到一个公共资源池中，通过多主租用的方式共享计算资源。虽然单个用户在云计算平台获得的服务水平受到网络带宽等各因素影响，未必获得优于本地主机所提供的服务，但是从整个社会资源的角度而言，整体的资源调控降低了部分地区峰值荷载，提高了部分荒废的主机的运行率，从而提高资源利用率。

2. 分布式数据中心保证系统容灾能力

分布式数据中心可将云端的用户信息备份到地理上相互隔离的数据库主机中，甚至用户自己也无法判断信息的确切备份地点。该特点不仅仅提供了数据恢复的依据，也使得网络病毒和网络黑客的攻击失去目的性而变成徒劳，大大提高了系统的安全性和容灾能力。云计算系统由大量商用计算机组成集群向用户提供数据处理服务。随着计算机数量的增加，系统出现错误的概率大大增加。在没有专用的硬件可靠性部件的支持下，采用软件的方式，即数据冗余和分布式存储来保证数据的可靠性。通过集成海量存储和高性能的计算能力，云能提供较高的服务质量。云计算系统可以自动检测失效结点，并将失效结点排除，不影响系统的正常运行。

3. 软硬件相互隔离减少设备依赖性

虚拟化层将云平台上方的应用软件和下方的基础设备隔离开来。技术设备的维护者无法看到设备中运行的具体应用。同时对软件层的用户而言，用户只能看到虚拟化层中虚拟出来的各类设备。这种架构减少了设备依赖性，也为动态的资源配置提供可能。

4. 平台模块化设计体现高可扩展性

目前主流的云计算平台均根据 SPI 架构在各层集成功能各异的软硬件设备和中间件软件。大量中间件软件和设备提供针对该平台的通用接口，允许用户添加本层的扩展设备。部分云与云之间提供对应接口，允许用户在不同云之间进行数据迁移。类似功能更大程度上满足了用户需求，集成了计算资源，是未来云计算的发展方向之一。

5. 虚拟资源池为用户提供弹性服务

云平台管理软件将整合的计算资源根据应用访问的具体情况进行动态调整，包括增大或减少资源的要求。因此云计算对于在非恒定需求的应用，如对需求波动很大、阶段性需求等，具有非常好的应用效果。在云计算环境中，既可以对规律性需求通过事先预测事先分配，也可根据事先设定的规则进行实时平台调整。弹性的云服务可帮助用户在任意时间得到满足需求的计算资源。

6. 按需付费降低使用成本

作为云计算的典型应用模式，按需提供服务按需付费是目前各类云计算服务中不可或缺的一部分。对用户而言，云计算不但省去了基础设备的购置运维费用，而且能根据企业成长的需要不断扩展订购的服务，不断更换更加适合的服务，提高了资金的利用率。

7.1.3　常见的云计算服务

云计算的表现形式多种多样，简单的云计算在人们日常网络应用中随处可见，例如腾讯 QQ 空间提供的在线制作 Flash 图片、Google 的搜索服务、Google Docs、Google Apps 等。目前，云计算的主要服务形式有 SaaS（software as a service）、Paas（platform as a service）、IaaS（infrastructure as a service）。

1. 软件即服务（SaaS）

SaaS 服务提供商将应用软件统一部署在自己的服务器上，用户根据需求通过互联网向厂商订购应用软件服务，服务提供商根据客户所定软件的数量、时间的长短等因素收费，并且通过浏览器向客户提供软件的模式。这种服务模式的优势是：由服务提供商维护和管理软件、提供软件运行的硬件设施，用户只需能够接入互联网的终端，即可随时随地使用软件。这种模式下，客户不再像传统模式那样花费大量资金在硬件、软件、维护人员上，只需要支出一定的租赁服务费用，通过互联网就可以享受到相应的硬件、软件和维护服务，这是网络应用最具有效益的营运模式。对于中小型企业来说，SaaS 是采用先进技术的最好途径。

以企业管理软件来说，SaaS 模式的云计算 ERP 可以让客户根据并发用户的数量、所用功能多少、数据存储容量、使用时间长短等因素的不同，按需支付服务费用。既不用支付软件许可费用，也不需要支付采购服务器等硬件设备费用，更不需要支付购买操作系统、数据库等平台软件费用，且不用承担软件项目定制、开发、实施费用，也不需要承担 IT 维护部门费用。实际上，云计算 ERP 正是继承了开源 ERP 免许可费用只收服务费的重要特征。

目前，Saleforce.com 是提供这类服务最有名的公司，Google Docs、Google Apps 和 Zoho office 也属于这类服务。

2．平台即服务（PaaS）

PaaS 是一种分布式平台服务，厂商提供开发环境、服务器平台、硬件资源等服务给客户，用户在其平台基础上定制开发自己的应用程序并通过其服务器和互联网传递给其他客户。PaaS 能够给企业或个人提供研发的中间件平台，提供应用程序开发、数据库、应用服务器、试验、托管及应用服务。

Google App Engine、Salesforce 的 force.com 平台、八百客的 800App 是 PaaS 的代表产品。以 Google App Engine 为例，它是一个由 Python 应用服务器群、BigTable 数据库及 GFS 组成的平台，为开发者提供一体化主机服务器及可自动升级的在线应用服务。用户编写应用程序并在 Google 的基础架构上运行就可以为互联网用户提供服务，Google 提供应用运行及维护所需要的平台资源。

3．基础设施即服务（IaaS）

IaaS 即把厂商的由多台服务器组成的"云端"基础设施，作为计量服务提供给客户。它将内存、I/O 设备、存储和计算能力整合成一个虚拟的资源池为整个业界提供所需要的存储资源和虚拟化服务器等服务。这是一种托管型硬件方式，用户付费使用厂商的硬件设施。例如，Amazon Web 服务（AWS）、IBM 的 BlueCloud 等均是将基础设施作为服务出租。

IaaS 的用户只需按需租用相应计算能力和存储能力，大幅降低了用户在硬件上的开销。

4．国内知名的云平台

国内知名的云平台如表 7.1 所示。

表 7.1　国内知名的云平台

名　称	Logo	网　址	云服务器	应用程序引擎	开发环境	云数据库	其他服务
百度云	百度云	yun.baidu.com	无	BAT	Node.js、PHP、Python、Java、Static	MySQL、MongoDB、Redistribution	语音识别、人脸识别、百度翻译、百度地图、云推送
阿里云	阿里云 aliyun.com	www.aliyun.com	有	ACE	PHP、Java	MySQL、SQLServer	阿里应用的良好对接
腾讯云	腾讯云	www.qcloud.com	有	即将推出	PHP、Java	MySQL	腾讯应用的良好对接

7.2　物　联　网

7.2.1　物联网的概念

"物联网"（the Internet of things，IOT）定义的提出源于 1995 年比尔·盖茨的《未来之路》，在该书中，比尔·盖茨首次提出物联网概念，但由于受限于无线网络、硬件及传感器的发展，当时并没引起太多关注。1999 年，美国麻省理工学院（massachusetts institute of technology，MIT）成立了自动识别技术中心（automatic identification center，Auto-ID），构想了基于 RFID 的物联网概念，提出了产品电子代码（electronic product code，EPC）概念。通过 EPC 系统不仅能够对货品进行实时跟踪，而且能够通过优化整个供应链推动自动识别技术的快速发展并大幅度提高消费者的生活质量。国际物品编码协会（european article number international，EAN）和美国统一代码委员会成立 EPC Global 机构，负责 EPC 网络的全球化标准。2004 年，日本总务省提出的"u–Japan"构想中，希望在 2010 年将日本建设成一个"anytime、anywhere、anything、anyone"都可以上网的环境。同年，韩国政府制定了 u-Korea 战略，韩国信通部发布了《数字时代的人本主义：IT839 战略》以具体呼应 u-Korea。

2005 年 11 月，在突尼斯举行的"信息社会全球峰会"上，联合国组织专门机构成员之一的国际电信联盟（the international telecommunication union，ITU）就全球电信网络和服务的相关议题发表了名为 "ITU Internet Reports 2005：The Internet of Things" 的报告，报告指出射频识别技术、传感器技术、纳米技术、智能嵌入式技术将得到更加广泛的应用。根据 ITU 的描述：在物联网时代，通过在各种各样的日常用品上嵌入一种短距离的移动收发器，人类在信息与通信世界里将获得一个新的沟通维度，从任何时间任何地点人与人之间的沟通连接扩展到人与物、物与物之间的沟通连接。这一份报告让全世界的领导人被"物联网"的魅力深深折服。

2008 年 11 月，IBM 提出"智慧地球"概念，即"互联网+物联网=智慧地球"，以此作为经济振兴战略。在基础建设的执行中植入"智慧"的理念，不仅仅能够在短期内有力地刺激经济、促进就业，而且能够在短时间内打造一个成熟的智慧基础设施平台。

2009 年初，美国总统奥巴马就职后，在和工商领袖举行的圆桌会议上也对包括物联网在内的智慧型基础设施给予积极回应，将"新能源"和"物联网"列为振兴经济的两大武器，使得"物联网"概念又一次走入大家的视线，但是参与报道和谈论的范围有限，还是没能使"物联网"成为热门关键字。

"物联网"在我国的迅速升温是在 2009 年 8 月 7 日，时任总理温家宝来无锡微纳传感网工程技术研发中心视察并发表重要讲话。温总理指出"在传感网发展中，要早一点谋划未来，早一点攻破核心技术"，"在国家重大科技专项中，加快推进传感网发展"，"尽快建立中国的传感信息中心，或者叫'感知中国'中心"。于是"传感网""物联网"一夜之间成为热词。

2009 年 8 月 24 日，中国移动总裁王建宙在我国台湾公开演讲中阐述了其对"物联网"这一概念的理解。通过装置在各类物体上的 RFID 电子标签、传感器、二维码，经过接口与无线网络相连，从而给物体赋予智能，可以实现人与物体的沟通和对话，也可以实现物体与物体互相间的沟通和对话。这种将物体联接起来的网络被称为"物联网"。王建宙在演讲中解释说，在家电上装传感器，就可以用手机通过网络控制。还有诸如远程抄表、物流运输、移动 POS 等应用，而结合云计算，"物联网"将可以有更多元的应用。王建宙又举例说，在羊身上装一个二维条形码，便可以通过手机得知羊从生产到变成羊肉的过程，如表 7.2 列举了物联网概念的演进过程。

表 7.2 "物联网"概念的演进

时　间	物联网议题
1995 年	比尔·盖茨《未来之路》一书中提及物联网概念

时　　间	物联网议题
1999 年	美国麻省理工学院（MIT）EPC 系统的物联网构想
	美国 Auto-ID 中心提出基于物品编码、RFID 技术和互联网的物联网概念
2005 年	国际电信联盟（ITU）发布了《ITU 互联网报告 2005：物联网》报告，正式提出了物联网概念
2008 年 11 月	IBM 提出"智慧地球"概念，即"互联网+物联网=智慧地球"，以此作为经济振兴战略
2009 年 1 月	奥巴马在和工商领袖举行的圆桌会议上对包括物联网在内的智慧型基础设施给予积极回应，将"新能源"和"物联网"列为振兴经济的两大武器
2009 年	欧盟 *Internet of Things - An action plan for Europe* 的物联网行动方案
	韩国《物联网基础设施构建基本规划》
	日本《i-Japan 战略 2015》
2009 年 8 月	温家宝在无锡提出"感知中国"的战略构想

7.2.2　物联网的特点

1. 物联网基本特征

物联网是通过各种感知设备和互联网连接物体与物体，实现全自动、智能化采集、传输与处理信息，达到随时随地进行科学管理目的的一种网络。"网络化"、"物联化"、"互联化"、"自动化"、"感知化"和"智能化"是物联网的基本特征。

"网络化"：是物联网的基础。无论是 M2M（"机器到机器"）、专网，还是无线、有线传输信息，感知物体都必须形成网络状态；不管是什么形态的网络，最终都必须与互联网相联接，这样才能形成真正意义上的物联网。目前的所谓物联网，从网络形态来看，多数是专网、局域网，只能算是物联网的雏形。

"物联化"：人与物相联、物–物相联是物联网的基本要求之一。计算机和计算机连接成互联网，可以帮助人与人之间交流。而"物联网"就是在物体上安装传感器、植入微型感应芯片，然后借助无线或有线网络，让人们和物体"对话"，让物体和物体之间进行"交流"。可以说，互联网完成了人与人的远程交流，而物联网则完成人与物、物与物的即时交流，进而实现由虚拟网络世界向现实世界的联接转变。

"互联化"：物联网是一个多种网络的接入、应用技术的集成，让人与自然界、人与物、物与物进行交流的平台。因此，在一定的协议关系下实行多种网络融合，分布式与协同式并存是物联网的显著特征。与互联网相比，物联网具有很强的开放性，具备随时接纳新器件、提供新服务的能力，即具备自组织、自适应能力。这既是物联网技术实现的关键，也是其吸引人的魅力所在。

"自动化"：物联网具备了以下的"自动化"性能，通过数字传感设备自动采集数据；根据事先设定的运算逻辑，利用软件自动处理采集到的信息，一般不需人为的干预；按照设定的逻辑条件，如时间、地点、压力、温度、湿度、光照等，可以在系统的各个设备之间自动地进行数据交换或通信；对物体的监控和管理实现自动的指令执行。

"感知化"：物联网离不开传感设备。射频识别（RFID）装置、红外感应器、全球定位系统、激光扫描器等信息传感设备，就像视觉、听觉和嗅觉器官对于人的重要性一样，它们是物联网不可或缺的关键元器件。有了它们才可以实现近（远）距离、无接触、自动化感应和数据读出、数据发送等。

"智能化"：所谓"智能"就是指个体对客观事物进行合理分析、判断及有目的地行动和有效地处理周围环境事宜的综合能力。物联网的产生是微处理技术、传感器技术、计算机网络技术、无线通信技术不断发展融合的结果。从其"自动化""感知化"要求来看，它已经能代表人、代替人"对客观事物进行合理分析、判断及有目的地行动和有效地处理周围环境事宜"，智能化是其综合能力的表现。

2. 物联网体系架构

根据上述的特征描述，目前业界普遍认为物联网应具备三个层次：第一层是感知层，即以二维码、RFID、传感器为主，实现"物"的识别；第二层是网络层，即通过现有的互联网、广电网、通信网或者下一代互联网，实现数据的传输和计算；第三层是应用层，即输入输出控制终端，包括手机等终端。物联网的体系架构如图 7.2 所示。

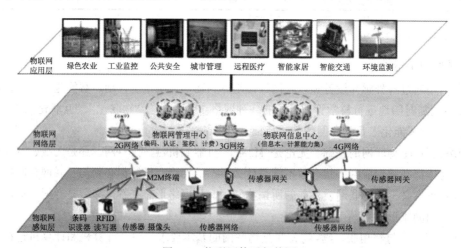

图 7.2　物联网体系架构图

（1）感知层是物联网的基础，利用传感器采集设备信息，利用射频识别技术在一定距离内实现发射和识别。感知层应由感应结点和接入网关组成，在感应结点处有识别器对物体进行检索识别，但在远端用户需要监控感应结点信息时就需要接入网关了，网关把收集到的信息通过传输层进行后台处理，到最后提供给用户使用。

（2）网络层是对传感器采集的信息进行安全无误的传输，对收集到的信息进行分析处理，并将结果提供给应用层。网络层要具备数据库的存储、可靠地传输数据信息以及网络管理等功能。总之，网络层就是对感知数据的管理和处理技术，包括对传感器采集的数据进行存储、查询、分析、比较、挖掘和智能的处理等技术。把物联网比作一个人的话，网络层可以说是整个物联网的"腰"。网络层是物联网中"物—物"相连的重要组成部分，不仅需要识别数据信息，更能智能化地分析处理多功能平台。

（3）应用层是为用户提供丰富的服务功能。用户通过智能终端在应用层上定制需要的服务信息，如查询信息、监控信息、控制信息等。随着物联网的发展，应用层会大大拓展到各行业，给大家带来实实在在的方便。

如表 7.3 所示，物联网三层（感知层、网络层、应用层）体系架构中每一层所设计的关键技术都是不一样的。其中，感知层主要涉及二维码技术、RFID 技术等对物体感知识别。网络层主要是基于 Zigbee/GPRS/Wi-Fi/蓝牙等技术构建无线传感网。应用层主要涉及通信技术、计算机技术等。

表7.3　物联网三层体系架构

层　　次	技 术 介 绍
应用层	通信技术、计算机技术等
网络层	传感网/Zigbee/GPRS/Wi-Fi/蓝牙
感知层	二维码、RFID、电子标签

7.2.3　物联网典型应用

1. 智能交通

智能交通系统包括公交行业无线视频监控平台、智能公交站台、电子门票、车管专家和公交手机一卡通五种业务。

公交行业无线视频监控平台利用车载设备的无线视频监控和 GPS 定位功能，对公交运行状况进行实时监控。智能公交站台通过媒体发布中心与电子站牌的数据交互，实现公交调度信息数据的发布和多媒体数据的发布功能，还可以利用电子站牌实现广告发布功能。电子门票是二维码应用于手机凭证业务的典型应用。从技术实现的角度上看，手机凭证业务就是"手机+凭证"，以手机为平台，以手机背后的移动网络为媒介，通过特定的技术实现凭证功能。车管专家利用全球卫星定位技术（global positioning system，GPS）、无线通信技术（code-division multiple access，CDMA）、地理信息系统技术（geographic information system，GIS）、4G（4rd generation）等高新技术将车辆的位置与速度、车内外的图像、视频等各类媒体信息及其他车辆参数等进行实时管理，有效满足用户对车辆管理的各类需求。公交手机一卡通将手机终端作为城市公交一卡通的介质，除完成公交刷卡功能外，还可以实现小额支付等功能。

2. 智能电网

智能电网是以双向数字科技创建的输电网络，用来传送电力。它可以侦测电力供应者的电力供应状况和一般家庭用户的电力使用状况，从而调整家电用品的耗电量，以此达到节约能源、降低损耗、增强电网可靠性的目的。在传统电网的基础上，智能电网的传输拓扑网络更加优化，以满足更大范围的各种用电状况，如在用电量低的时段给电池充电，然后在高峰时反过来给电网提供电能。智能电网包括超导传输线以减少电能的传输损耗，还具有集成新能源（如风能，太阳能等）的能力。当电能便宜时，消费者可以开启某些家用电器，如洗碗机，工厂可以启动在任何时间段都可以进行的生产过程。在电能需求的高峰期，它可以关闭一些非必要的用电器来降低需求。

3. 智能家居

智能家居产品融合自动化控制系统、计算机网络系统和网络通信技术于一体，将各种家庭设备（如音视频设备、照明系统、窗帘控制、空调控制、安防系统、数字影院系统、网络家电等）通过智能家庭网络实现自动化。用户通过中国电信的宽带、固定电话和 4G 无线网络，可以实现对家庭设备的远程操控。与普通家居相比，智能家居不仅提供舒适宜人且高品位的家庭生活空间，实现更智能的家庭安防系统，还将家居环境由原来的被动静止结构转变为具有能动智慧的工具，提供全方位的信息交互功能。智能家居的结构示意图如图 7.3 所示。

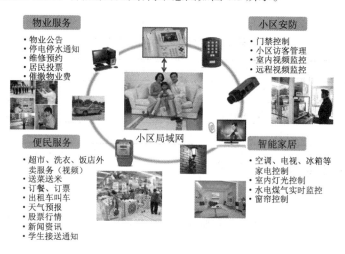

图 7.3　智能家居结构示意图

4．智能物流

智能物流打造了集信息展现、电子商务、物流配载、仓储管理、金融质押、园区安保、海关保税等功能为一体的物流园区综合信息服务平台。信息服务平台是以功能集成、效能综合为主要开发理念，以电子商务、网上交易为主要交易形式建设的高标准、高品位的综合信息服务平台，并为金融质押、园区安保、海关保税等功能预留了接口，可以为园区客户及管理人员提供一站式综合信息服务。

5．智慧医疗

如图 7.4 所示，智慧医疗系统借助简易实用的家庭医疗传感设备，对家中病人或老人的生理指标进行检测，并将生成的生理指标数据通过固定网络或 4G 无线网络传送给护理人或有关医疗单位。根据客户的需求，信息服务商还提供相关增值业务，如紧急呼叫救助服务、专家咨询服务、终生健康档案管理服务等。智能医疗系统真正解决了现代社会的子女们因工作忙碌无暇照顾家中老人的问题，可以随时表达孝子情怀。

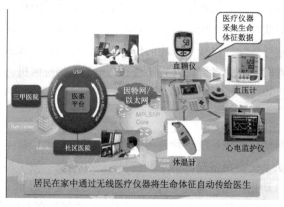

图 7.4　智慧医疗结构示意图

6. 智能安防

智能安防技术的主要内涵是其相关内容和服务的信息化、图像的传输和存储、数据的存储和处理等。一个完整的智能安防系统主要包括门禁、报警和监控三大部分。智能安防具备防盗报警系统、视频监控报警系统、出入口控制报警系统、保安人员巡更报警系统、GPS 车辆报警管理系统和 110 报警联网传输系统等子系统。各子系统可单独设置、独立运行，也可由中央控制室集中进行监控，还可与其他综合系统进行集成和集中监控。它主要由家庭的各种传感器、功能键、探测器及执行器共同构成家庭的安防体系，是家庭安防体系的"大脑"。

7.3　大　数　据

7.3.1　大数据的概念

大数据（big data，mega data）指的是需要新处理模式才能具有更强的决策力、洞察力和流程优化能力的海量、高增长率和多样化的信息资产。而从各种各样类型的数据中，快速获得有价值信息的能力就是大数据技术。大数据无法用单台计算机进行处理，必须依托云计算的分布式处理、分布式数据库、云存储和虚拟化技术，其特色在于对海量数据的挖掘。相比现有的其他技术而言，大数据最核心的价值在于对海量数据进行存储和分析，它在"廉价、迅速、优化"这三方面的综合成本是最优的。

7.3.2　大数据的特点

大数据具有以下特点：

（1）数据体量巨大，从 TB 级别跃升到 PB 级别。据监测统计，2011 年全球数据总量已经达到 1.8 ZB（1 ZB 约等于 1 万亿 GB），相当于 18 亿个 1 TB 移动硬盘的存储量，而这个数值还在以每两年翻一番的速度增长，预计到 2020 年全球将总共拥有 35 ZB 的数据量，增长近 20 倍。

（2）数据类型繁多，如网络日志、视频、图片、地理位置信息等。

（3）价值密度低，以视频为例，连续不间断监控过程中，可能有用的数据仅仅只有一两秒。

（4）处理速度快，这一点和传统的数据挖掘技术有着本质的不同。物联网、云计算、移动互联网、车联网、手机、平板计算机、PC 以及遍布地球各个角落的各种各样传感器，无一不是数据来源或者承载者。

7.3.3　大数据典型应用

大数据无处不在，大数据应用于各个行业，包括金融、汽车、餐饮、电信、能源、体能和娱乐等在内的社会各行各业都已经融入了大数据的印迹。

制造业：利用工业大数据提升制造业水平，包括产品故障诊断与预测、分析工艺流程、改进生产工艺，优化生产过程能耗、工业供应链分析与优化、生产计划与排程。

金融行业：大数据在高频交易、社交情绪分析和信贷风险分析三大金融创新领域发挥重大作用。

汽车行业：利用大数据和物联网技术的无人驾驶汽车，在不远的未来将走入人们的日常生活。

互联网行业：借助于大数据技术，可以分析客户行为，进行商品推荐和针对性广告投放。

电信行业：利用大数据技术实现客户离网分析，及时掌握客户离网倾向，出台客户挽留措施。

能源行业：随着智能电网的发展，电力公司可以掌握海量的用户用电信息，利用大数据技术分析用户用电模式，可以改进电网运行，合理设计电力需求响应系统，确保电网运行安全。

物流行业：利用大数据优化物流网络，提高物流效率，降低物流成本。

城市管理：可以利用大数据实现智能交通、环保监测、城市规划和智能安防。

生物医学：大数据可以帮助人们实现流行病预测、智慧医疗、健康管理，同时还可以帮助人们解读 DNA，了解更多的生命奥秘。

体育娱乐：大数据可以帮助我们训练球队，决定投拍哪种题材的影视作品，以及预测比赛结果。

安全领域：政府可以利用大数据技术构建起强大的国家安全保障体系，企业可以利用大数据抵御网络攻击，警察可以借助大数据来预防犯罪。

个人生活：大数据还可以应用于个人生活，利用与每个人相关联的"个人大数据"，分析个人生活行为习惯，为其提供更加周到的个性化服务。

大数据的价值远远不止于此，大数据对各行各业的渗透，大大推动了社会生产和生活，未来必将产生重大而深远的影响。

7.4 人 工 智 能

1956 年夏季，以麦卡赛、明斯基、罗切斯特和申农等为首的一批有远见卓识的年轻科学家在一起聚会，共同研究和探讨用机器模拟智能的一系列有关问题，并首次提出了"人工智能"这一术语，它标志着"人工智能"这门新兴学科的正式诞生。IBM 公司"深蓝"计算机击败了世界国际象棋冠军更是人工智能技术的一个完美表现。

从 1956 年正式提出人工智能学科算起，60 多年来取得长足的发展，成为一门广泛的交叉和前沿科学。总的说来，人工智能的目的就是让计算机这台机器能够像人一样思考。如果希望做出一台能够思考的机器，那就必须知道什么是思考，更进一步讲就是什么是智慧。什么样的机器才是智慧的呢？科学家已经制造出了汽车、火车、飞机、收音机等，它们模仿我们身体器官的功能，但是能不能模仿人类大脑的功能呢？到目前为止，我们也仅仅知道大脑是由数十亿个神经细胞组成的器官，我们对它知之甚少，模仿它或许是天下最困难的事情了。

当计算机出现后，人类开始真正有了一个可以模拟人类思维的工具，在以后的岁月中，无数科学家为这个目标努力着。如今人工智能已经不再是几个科学家的专利了，全世界几乎所有大学的计算机系在研究这门学科，学习计算机的大学生也必须学习这样一门课程，在大家不懈的努力下，如今计算机似乎已经变得十分聪明了。在一些地方计算机帮助人进行原来只属于人类的工作，计算机以它的高速和准确为人类发挥着它的作用。人工智能始终是计算机科学的前沿学科，计算机编程语言和其他计算机软件都因为有了人工智能的进展而得以存在。

7.4.1 人工智能的概念

1. 智能

智能（intelligence）是人类与生俱来的，它是人类感觉器官的直接感觉和大脑思维的综合体。智能及智能的本质是古今中外许多哲学家、脑科学家一直在努力探索和研究的问题，但至今仍然没有完全了解。近些年来，随着脑科学、神经心理学等研究的进展，人们对人脑的结构和功能有了初步认识，但对整个神经系统的内部结构和作用机制，特别是脑的功能原理没有认识清楚。因此，很难对智能给出确切的定义。

从心理学上讲，一般认为从感觉到记忆再到思维这一过程，称为"智慧"，产生了行为和语言，将行为和语言的表达过程称为"能力"，两者合称"智能"，将感觉、回忆、思维、语言、行为的整个过程称为智能过程，它是智力和能力的表现。具体的讲，智能包括：感知与认识客观事物、客观世界和自我的能力，通过学习获取知识、积累经验的能力；运用语言进行抽象、概括和表达能力；联想、分析、判断和推理能力；理解知识、运用知识和经验，分析问题、解决问题的能力；发现、发明、创造、创新能力等。智能可以运用智商来描述其在个体中发挥智能的程度。一个人的智能既有先天遗传因素，也有后天的学习和知识（智力）积累因素，人类的这种与生俱来的智能可看作是自然智能。

2. 人工智能

人工智能（artificial intelligence，AI）是相对于人类的自然智能而言的，即用人工智能的方法和技术，对人类的自然智能进行模仿、扩展和应用，让机器具有人类的思维能力。它是研究、开发用于模拟、延伸和扩展人的智能的理论、方法、技术及应用系统的一门技术科学。人工智能是计算机科学的一个分支，它企图了解智能的实质，并产生出一种新的能以人类智能相似的方式做出反应的智能机器，该领域的研究包括机器人、机器学习、语言识别、图像识别、自然语言处理和专家系统等。

从 2013 年开始，跨国科技巨头纷纷开始高强度的介入，产业界逐渐成为全球人工智能的研究重心，主导并加速了人工智能技术的商业化落地。例如谷歌提出"人工智能优先"，借以重塑企业，而百度也宣称自己已经是一家人工智能企业了，等等。目前，人工智能在各方面所取得的惊人效果，都是前所未有的。仅以如图 7.5 所示的人脸识别为例，现在的人脸识别准确率已经达到了99.82%，在 LFW 数据集上超过了人类水平不少，这在以前是难以想象的。

这次人工智能新高潮，是一个实实在在的进步，最具代表性的成果就是深度卷积神经网络和深度强化学习等两个方面。

强化学习，也称再励学习或增强学习。1997 年 5 月，IBM 研制的深蓝（DEEP BLUE）计算机利用强化学习，战胜了国际象棋大师卡斯帕洛夫。现在，谷歌的 DeepMind 开发的 AlphaGo（"阿尔法狗"，如图 7.6 所示），通过将强化学习和深度卷积神经网络有机结合起来，已达到了一个超人类的水平。这样的话，它的商业价值就体现出来了，相信随着越来越多类似技术的发展，AI 的商业化之路也会越走越广阔。

图 7.5　人脸识别

图 7.6　AlphaGo 与李世石对弈

包括深度卷积神经网络和深度强化学习在内的弱人工智能技术，以及它们面向特定细分领域的产业应用，在大数据和大计算的支撑下都是可预期的，起码在未来 5~10 年之内都会成为人工智能产品研发与产业发展的热点，必将深刻地改变人们的生产生活方式。

7.4.2　人工智能 2.0 简介及特点

1. 简介

人工智能 2.0 是基于重大变化的信息新环境和发展新目标的新一代人工智能。其中，信息新环境是指互联网与移动终端的普及、传感网的渗透、大数据的涌现和网上社区的兴起等。新目标是指智能城市、智能经济、智能制造、智能医疗、智能家居、智能驾驶等从宏观到微观的智能化新需求。可望升级的新技术有大数据智能、跨媒体智能、自主智能、人机混合增强智能和群体智能等。

2. 特征

人工智能 2.0 技术将具有如下显著特征：

（1）从知识表达技术到当今大数据驱动知识学习，转向数据驱动和知识指导相结合的方式，其中，机器学习不但可自动，而且可解释，应用更广泛。

（2）从处理分类型数据，如视觉、听觉、文字等，迈向跨媒体认知、学习和推理的新水平。

（3）从追求"智能机器"到高水平的人机协同融合，走向混合型增强智能的新计算形态。

（4）从聚焦研究"个体智能"到基于互联网的群体智能，形成在网上激发组织群体智能的技术与平台。

（5）将研究的理念从机器人转向更加广阔的智能自主系统，从而改造各种机械、装备和产品，引领其走向智能化的道路。

人工智能 2.0 是人工智能发展的新形态，其目标是结合内外双重驱动力，以求在新形势、新需求下实现人工智能的质的突破。相比于历史上的任何时刻，人工智能 2.0 将以更接近人类智能的形态存在，以提高人类智力活动能力为主要目标。它将紧密地融入人们的生活（跨媒体和无人系统），甚至成为人们身体的一部分（混合增强智能），可以阅读、管理、重组人类知识（知识计算引擎），为生活、生产、资源、环境等社会发展问题提出建议（智慧城市、智慧医疗），在某些专门领域中的博弈、识别、控制、预测等智能，接近甚至超越人的水平。

人类在人工智能 2.0 的辅助下能进一步认识与把握复杂的宏观系统，如城市发展、生态保护、经济管理、金融风险等；也有利于进一步提高解决具体问题的能力，如医疗诊治、产品设计、安全驾驶、能源节约等。

7.4.3　典型人工智能应用

人工智能在计算机领域内，得到了愈加广泛的重视，并在机器人、经济政治决策、控制系统、仿真系统中得到应用。

著名的美国斯坦福大学人工智能研究中心尼尔逊教授对人工智能下了这样一个定义："人工智能是关于知识的学科——怎样表示知识以及怎样获得知识并使用知识的科学。"而另一位美国麻省理工学院的温斯顿教授认为："人工智能就是研究如何使计算机去做过去只有人才能做的智能工作。"这些说法反映了人工智能学科的基本思想和基本内容，即人工智能是研究人类智能活动的规律,构造具有一定智能的人工系统,研究如何让计算机去完成以往需要人的智力才能胜任的工作,也就是研究如何应用计算机的软硬件来模拟人类某些智能行为的基本理论、方法和技术。

人工智能是计算机学科的一个分支,20 世纪 70 年代以来被称为世界三大尖端技术之一(空间技术、能源技术、人工智能),也被认为是 21 世纪三大尖端技术(基因工程、纳米科学、人工智能)之一。这是因为近三十年来它获得了迅速的发展,在很多学科领域都获得了广泛应用,并取得了丰硕的成果,人工智能已逐步成为一个独立的分支,无论在理论和实践上都已自成一个系统。

人工智能是研究使计算机模拟人的某些思维过程和智能行为(如学习、推理、思考、规划等)的学科,主要包括计算机实现智能的原理、制造类似于人脑智能的计算机,使计算机能实现更高层次的应用。人工智能将涉及计算机科学、心理学、哲学和语言学等学科。可以说几乎是自然科学和社会科学的所有学科,其范围已远远超出了计算机科学的范畴,人工智能与思维科学的关系是实践和理论的关系,人工智能是处于思维科学的技术应用层次,是它的一个应用分支。从思维观点看,人工智能不仅限于逻辑思维,要考虑形象思维、灵感思维才能促进人工智能的突破性的发展,数学常被认为是多种学科的基础科学,数学也进入语言、思维领域,人工智能学科也必须借用数学工具。数学不仅在标准逻辑、模糊数学等范围发挥作用,也进入到人工智能学科,它们将互相促进而更快地发展。

7.5　虚　拟　现　实

7.5.1　虚拟现实的概念

虚拟现实(virtual reality,VR)是 20 世纪 80 年代初提出来的,是指借助计算机及最新传感器技术创造的一种崭新的人机交互手段。VR 技术综合了计算机图形技术、计算机仿真技术、传感器技术、显示技术等多种学科技术,它在多维信息空间上创建了一个虚拟信息环境,使用户具有身临其境的沉浸感,具有与环境完善的交互作用能力,并有助于启发构思,如图 7.7 所示。沉浸、交互、构想是 VR 环境系统的三个基本特性。虚拟技术的核心是建模与仿真。

图 7.7　虚拟现实

7.5.2　虚拟现实的特点

虚拟现实主要有以下特点:

(1)多感知性:指除一般计算机所具有的视觉感知外,还有听觉感知、触觉感知、运动感知,还包括味觉、嗅觉感知等。理想的虚拟现实应该具有一切人所具有的感知功能。

（2）存在感：指用户感到作为主角存在于模拟环境中的真实程度。理想的模拟环境应该达到使用户难辨真假的程度。

（3）交互性：指用户对模拟环境内物体的可操作程度和从环境得到反馈的自然程度。

（4）自主性：指虚拟环境中物体依据现实世界物理运动定律运作的程度。

7.5.3　虚拟现实典型应用

VR 已不仅仅被用于计算机图像领域，它已涉及更广的领域，如电视会议、网络技术和分布计算技术，并向分布式虚拟现实发展。虚拟现实技术已成为新产品设计开发的重要手段。其中，协同工作虚拟现实就是 VR 技术新的研究和应用的热点，它引入了新的技术问题，包括人的因素和网络、数据库技术等。如人的因素，需要考虑多个参与者在一个共享的空间中如何相互交互，虚拟空间中的虚拟对象在多名参与者的共同作用下的行为等。在 VR 环境下进行协同设计，团队成员可同步或异步地在虚拟环境中从事构造和操作等虚拟对象的活动，并可对虚拟对象进行评估、讨论以及重新设计等活动。分布式虚拟环境可使在不同地理位置的不同设计人员面对相同的虚拟设计对象，通过在共享的虚拟环境中协同地使用声音和视频工具，可在设计的初期就能够消除设计缺陷，缩短产品上市时间，提高产品质量。VR 已成为构造虚拟样机、支持虚拟样机技术的重要工具。除此之外，VR 技术在军事、科技、商业、建筑、娱乐、生活等方面都有应用。

互联网时代发展迅速，最重要的一点是虚拟世界的代入感，而现在已经有科学家在研究如何把虚拟代入到现实中，虚拟现实技术已经初步实现了。2016 年上半年，代表着全球 VR 前沿技术的重磅级产品——Oculus、索尼和 HTC 的 VR 设备将陆续上市，在业界看来，届时将有望快速提升大众对虚拟现实产品的认可度。因此，2016 年称之为虚拟现实元年。

正如其他新兴科学技术一样，虚拟现实技术也是许多相关学科领域交叉、集成的产物。它的研究内容涉及人工智能、计算机科学、电子学、传感器、计算机图形学、智能控制、心理学等。VR 技术虽然没有悠久的历史，但其前景是非常可观的。它涉及科学技术的多个方面，所以它的潜力不仅是对虚拟现实技术本身的研究，还有此技术下的应用研究。虚拟现实技术具有投入低、回收高的优点，在很多方面都有可观的前景。从过去看未来，不难预测，这项技术将继续朝着更加智能化、电动化的方向发展，主要在动态环境建模技术、三维图形形成和显示技术、新型交互设备的研制、智能化语音虚拟现实建模以及大型网络分布式虚拟现实这几个方面得到长足的发展，不论是可行性还是效益价值，都是十分值得期待的。

附录 *A* Word 2010 常用域类型表

在 Word 2010 中，域分为编号、等式和公式、链接和引用、日期和时间、索引和目录、文档信息、文档自动化、用户信息及邮件合并 9 种类型，共 73 个域。下面介绍 Word 2010 中常用的域。

1. 编号域

编号域用来在文档中根据需要插入不同类型的编号，共 10 个域，如表 A-1 所示。

表 A-1 编号域

域名称	域代码	域功能
AutoNum	{ AUTONUM [Switches] }	插入段落的自动编号
AutoNumLgl	{ AUTONUMLGL }	插入正规格式的自动编号
AutoNumOut	{ AUTONUMOUT }	插入大纲格式的自动编号
BarCode	{ BARCODE \u "LiteralText" 或书签 \b [Switches] }	插入收信人地点条码
ListNum	{ LISTNUM ["Name"] [Switches] }	在列表中插入元素
Page	{ PAGE [* Format Switch] }	插入当前页码
RevNum	{ REVNUM }	插入文档的保存次数
Section	{ SECTION }	插入当前节的编号
SectionPages	{ SECTIONPAGES }	插入当前节的总页数
Seq	{ SEQ Identifier [Bookmark] [Switches] }	插入自动序列号

2. 等式和公式域

等式和公式域用来创建科学公式、插入特殊符号及执行计算，共有 4 个域，如表 A-2 所示。

表 A-2 等式和公式域

域名称	域代码	域功能
=（Formula）	{ =Formula [Bookmark] [\# Numeric-Picture] }	计算表达式结果
Advance	{ ADVANCE [Switches] }	将一行内随后的文字向左、右、上、或下偏移
Eq	{ EQ Instructions }	创建科学公式
Symbol	{ SYMBOL CharNum [Switches] }	插入特殊字符

3. 链接和引用域

链接和引用域用来实现将文档中指定的项目与另一个项目，或指定的外部文件与当前文档链接起来的域，共有 11 个域，如表 A-3 所示。

表 A-3　链接和引用域

域 名 称	域 代 码	域 功 能
AutoText	{ AUTOTEXT AutoText Entry }	插入"自动图文集"词条
AutoTextList	{ AUTOTEXTLIST "LiteralText" \s "StyleName" \t "TipText" }	插入基于样式的文字
Hyperlink	{ HYPERLINK "FileName" [Switches] }	打开并跳至指定文件
IncludePicture	{ INCLUDEPICTURE "FileName" [Switches] }	通过文件插入图片
IncludeText	{ INCLUDETEXT "FileName" [Bookmark] [Switches] }	通过文件插入文字
Link	{ LINK ClassName "FileName" [PlaceReference] [Switches] }	使用 OLE 插入文件的一部分
NoteRef	{ NOTEREF Bookmark [Switches] }	插入脚注或尾注编号
PageRef	{ PAGEREF Bookmark [* Format Switch] }	插入包含指定书签的页码
Quote	{ QUOTE "LiteralText" }	插入文本类型的文本
Ref	{ REF Bookmark [Switches] }	插入用书签标记的文本
StyleRef	{ STYLEREF StyleIdentifier [Switches] }	插入具有类似样式的段落中的文本

4. 日期和时间域

日期和时间域用来显示当前日期和时间，或进行日期和时间计算，共有 6 个域，如表 A-4 所示。

表 A-4　日期和时间域

域 名 称	域 代 码	域 功 能
CreateDate	{ CREATEDATE [\@ "Date-Time Picture"] [Switches]}	插入文档的创建日期
Date	{ DATE [\@ "Date-Time Picture"] [Switches] }	插入当前日期
EditTime	{ EDITTIME }	插入文档创建后的总编辑时间
PrintDate	{ PRINTDATE [\@ "Date-Time Picture"] [Switches] }	插入上次打印文档的日期
SaveDate	{ SAVEDATE [\@ "Date-Time Picture"] [Switches] }	插入文档最后保存的日期
Time	{ TIME [\@ "Date-Time Picture"] }	插入当前时间

5. 索引和目录域

索引和目录域用于创建和维护索引和目录，共 7 个域，如表 A-5 所示。

表 A-5　索引和目录域

域 名 称	域 代 码	域 功 能
Index	{ INDEX [Switches] }	创建索引
RD	{ RD "FileName"}	通过使用多篇文档来创建索引、目录、图表目录或引文目录
TA	{ TA [Switches] }	标记引文目录项

域　名　称	域　代　码	域　功　能
TC	{ TC "Text" [Switches] }	标记目录项
TOA	{ TOA [Switches] }	创建引文目录
TOC	{ TOC [Switches] }	创建目录
XE	{ XE "Text" [Switches] }	标记索引项

6．文档信息域

文档信息域用来创建或显示文件属性的"摘要"选项卡中的内容，总共 14 个域，如表 A-6 所示。

表 A-6　文档信息域

域　名　称	域　代　码	域　功　能
Author	{ AUTHOR ["NewName"] }	文档属性中的文档作者姓名
Comments	{ COMMENTS ["NewComments"] }	文档属性中的备注
DocProperty	{ DOCPROPERTY "Name "}	插入在"选项"中选择的属性值
FileName	{ FILENAME [Switches] }	文档的名称和位置
FileSize	{ FILESIZE [Switches] }	当前文档的磁盘占用量
Info	{ [INFO] InfoType ["NewValue"] }	文档属性中的数据
Keywords	{ KEYWORDS ["NewKeywords"] }	文档属性中的关键词
LastSavedBy	{ LASTSAVEDBY }	文档的上次保存者
NumChars	{ NUMCHARS }	文档包含的字符数
NumPages	{ NUMPAGES }	文档的总页数
NumWords	{ NUMWORDS }	文档的总字数
Subject	{ SUBJECT ["NewSubject"] }	文档属性中的文档主题
Template	{ TEMPLATE [Switches] }	文档选用的模板名
Title	{ TITLE ["NewTitle"] }	文档属性中的文档标题

7．文档自动化域

文档自动化域用来建立自动化的格式，可以运行宏及向打印机发送参数等，共有 6 个域，如表 A-7 所示。

表 A-7　文档自动化域

域　名　称	域　代　码	域　功　能
Compare	{ COMPARE Expression1 Operator Expression2 }	比较两个值并返回数字值 1（真）或 0（假）
DocVariable	{ DOCVARIABLE "Name" }	插入名为 Name 文档变量的值
GotoButton	{ GOTOBUTTON Destination DisplayText }	将插入点移至新位置
If	{ IF Expression1 Operator Expression2 TrueText FalseText }	按条件估算参数

续表

域 名 称	域 代 码	域 功 能
MacroButton	{ MACROBUTTON MacroName DisplayText }	插入宏命令
Print	{ PRINT "PrinterInstructions" }	将命令下载到打印机

8．用户信息域

用户信息域用来设置 Office 个性化设置选项中的信息，共 3 个域，如表 A-8 所示。

表 A-8　用户信息域

域 名 称	域 代 码	域 功 能
UserAddress	{ USERADDRESS ["New Address"] }	Office 个性化设置选项中的地址
UserInitials	{ USERINITIALS ["New Initials"] }	Office 个性化设置选项中的缩写
UserName	{ USERNAME ["NewName"] }	Office 个性化设置选项中的用户名

9．邮件合并域

邮件合并域用来构建邮件，以及设置邮件合并时的信息，共 14 个域，如表 A-9 所示。

表 A-9　邮件合并域

域 名 称	域 代 码	域 功 能
AddressBlock	{ ADDRESSBLOCK [Switches] }	插入邮件合并地址块
Ask	{ ASK Bookmark "Prompt" [Switches] }	提示用户指定书签文字
Compare	{ COMPARE Expression1 Operator Expression2 }	比较两个值并返回数字值 1（真）或 0（假）
Database	{ DATABASE [Switches] }	插入外部数据库中的数据
Fillin	{ FILLIN ["Prompt"] [Switches] }	提示用户输入要插入到文档中的文字
GreetingLine	{ GREETINGLINE [Switches] }	插入邮件合并问候语
If	{ IF Expression1 Operator Expression2 TrueText FalseText }	按条件估算参数
MergeField	{ MERGEFIELD FieldName [Switches] }	插入邮件合并域
MergeRec	{ MERGEREC }	当前合并记录号
MergeSeq	{ MERGESEQ}	合并记录序列号
Next	{ NEXT }	转到邮件合并的下一条记录
NextIf	{ NEXTIF Expression1 Operator Expression2 }	按条件转到邮件合并的下一条记录
Set	{ SET Bookmark "Text" }	为书签指定新文字
SkipIf	{ SKIPIF Expression1 Operator Expression2 }	在邮件合并时按一定条件跳过一条记录

附录 **B** Excel 2010 常见函数列表

函 数 类 别	函 数 名 称	功 能
算术函数	MOD (number , divisor)	返回两数相除的余数。结果的正负号与除数 divisor
	ROUND (number , num_digits)	将指定数值 number 按指定的位数 num_digits 进行四舍五入
	SUM (number1 , [number2] , …)	将指定的 number1、number2、…相加求和
	SUMIF (range , criteria , [sum_range])	将指定单元格区域中的符合指定条件的值求和
	COUNT (value1 , [value2] , …)	统计指定区域中包含数值的个数。只对包含数字的单元格进行计数
	COUNTIF (range , criteria)	统计指定区域中满足单个指定条件的单元格的个数
	AVERAGE (number1 , [number2] , …)	求指定参数 number1、number2、……的算术平均值
	MAX (number1 , [number2] , …)	返回一组值或指定区域中的最大值
	MIN (number1 , [number2] , …)	返回一组值或指定区域中的最小值
	INT (number)	将数值 number 向下舍入到最接近的整数，number 为必需的参数
日期时间函数	NOW ( )	返回当前日期和时间。当将数据格式设置为数值时，将返回当前日期和时间所对应的序列号，该序列号的整数部分表明其与 1900 年 1 月 1 日之间的天数
	YEAR (serial_number)	返回指定日期对应的年份。返回值为 1900 到 9999 之间的整数
	MONTH (serial_number)	返回日期中的月份值，介于 1 到 12 之间的整数
	DAY (serial_number)	返回以序列号表示的某日期的天数，用整数 1 到 31 表示
	HOUR (serial_number)	返回时间值的小时数，介于 0（12：00 A.M.）~ 23（11：00 P.M.）之间的整数
文本函数	REPLACE (old_text, start_num, num_chars, new_text)	将一个字符串的部分字符用另一个字符串替换
	TEXT (value , format_text)	根据指定的数字格式将数字转换为文本
	FIND (find_text , within_text , start_num)	用来对原始数据中某个字符串进行定位，以确定其位置

续表

函 数 类 别	函 数 名 称	功　　能
布尔函数	AND (logical1 , [logical2] , …)	所有参数的计算结果同时为 TRUE 时，返回 TRUE；只要有一个参数的计算结果为 FALSE，即返回 FALSE
	OR (logical1 , [logical2] , …)	在其参数组中，任何一个参数逻辑值为 TRUE，即返回 TRUE；当所有参数的逻辑值均为 FALSE 时，才返回 FALSE
逻辑函数	IF (logical_test , [value_if_true], [value_if_false])	如果指定条件的计算结果为 TRUE，则 IF 函数将返回某个值；如果该条件的计算结果为 FALSE，则返回另一个值
排名函数	RANK (number , ref , [order])	返回一个值在指定数值列表中的排位
查找函数	VLOOKUP (lookup_value , table_array , col_index_num , [range_lookup])	搜索指定单元格区域的第一列，然后返回该区域相同行上任何指定单元格中的值
	HLOOKUP (lookup_value , table_array , row_index_num , [range_lookup])	搜索指定单元格区域的第一行，然后返回该区域相同列上任何指定单元格中的值